高等职业院校信息技术应用"十三五"规划教材

计算机
应用基础
（微课版）

王雪蓉 主编

张扬之 郑丛 周旋 麻少秋 郑泽 副主编

U0347149

人民邮电出版社

北 京

图书在版编目（CIP）数据

计算机应用基础：微课版 / 王雪蓉主编. -- 北京：
人民邮电出版社，2017.7（2020.8重印）
高等职业院校信息技术应用"十三五"规划教材
ISBN 978-7-115-45940-4

Ⅰ．①计… Ⅱ．①王… Ⅲ．①电子计算机－高等职业
教育－教材 Ⅳ．①TP3

中国版本图书馆CIP数据核字(2017)第174070号

内 容 提 要

本书以任务驱动的形式组织内容，通过案例讲解知识点。本书精选真实工作生活中的典型案例，遵循由浅入深、循序渐进的原则，注重实际的计算机应用能力和操作技能的培养。在各章节的重要知识点部分，穿插微课视频，为学生自主学习提供便利条件。

本书共 6 章，内容包括计算机基础知识、Windows 7 操作系统、Word 2010 文档处理、Excel 2010 电子表格、PowerPoint 2010 演示文稿、计算机网络基础。各章内容丰富全面，操作步骤详细，图文并茂，便于教学与自学。

本书可作为高职高专院校、应用型本科院校和普通高等院校非计算机专业的计算机基础课教材，也可作为计算机初学者和各类办公人员的自学用书，还可以作为各类计算机培训机构的培训用书。

◆ 主　　编　　王雪蓉
　　副 主 编　　张扬之　郑　丛　周　旋　麻少秋　郑　泽
　　责任编辑　　马小霞
　　责任印制　　焦志炜

◆ 人民邮电出版社出版发行　　北京市丰台区成寿寺路 11 号
　　邮编　100164　　电子邮件　315@ptpress.com.cn
　　网址　http://www.ptpress.com.cn
　　北京市艺辉印刷有限公司印刷

◆ 开本：787×1092　1/16
　　印张：15.5　　　　　　　　2017 年 7 月第 1 版
　　字数：386 千字　　　　　　2020 年 8 月北京第 5 次印刷

定价：44.80 元

读者服务热线：(010)81055256　印装质量热线：(010)81055316
反盗版热线：(010)81055315
广告经营许可证：京东市监广登字 20170147 号

前　言

随着计算机技术的飞速发展和计算机应用的日益普及，社会各行各业与计算机的联系越来越紧密，用人单位对大学毕业生的计算机应用能力要求也在不断提高。因此，作为教育者的我们，必须认清当前形势，掌握当今大学生的状况，采用适当的方式方法，对计算机基础教材进行改革与创新，以适应当前社会对培养计算机应用能力强的高素质人才的需求。

本书遵循"理论够用，实践为主"的原则，从真实的工作生活中提炼典型案例，以任务驱动的形式组织内容，较详细地介绍了完成这些任务所需掌握的相关知识。根据学生需要掌握的知识点以及职业岗位所要求的职业技能，尽可能把实际环境中所出现的类似或者相关问题囊括进来，实现知识性问题创设与操作性问题创设的有机结合。

本书共 6 章，分别由经验丰富、多年担任计算机基础教学工作的教师共同编写完成。第 1 章主要介绍计算机相关基础知识，包括计算机中信息的表示和存储方式以及多媒体的相关技术。第 2 章主要介绍 Windows 7 操作系统和文字录入的相关知识。第 3 章主要介绍 Word 2010 的使用方法，包括图文混排、表格制作、论文高级排版方法以及邮件合并功能等。第 4 章主要介绍 Excel 2010 的使用方法，包括工作表的创建和编辑、公式和函数的使用、复杂数据的分析统计、图表的创建以及工作表的打印输出等。第 5 章主要介绍 PowerPoint 2010 的使用方法，包括演示文稿内容的排版、母版制作、动画设计以及自定义放映设置等。第 6 章主要介绍计算机网络的相关知识，包括局域网络的构成和设备、Internet 的基本原理和应用、计算机病毒的防治、网络攻击一般流程和防范手段等。

本书由浙江东方职业技术学院王雪蓉担任主编，张扬之、郑丛、周旋、麻少秋和郑泽担任副主编。感谢浙江东方职业技术学院对本书编写的大力支持，并感谢杨云教授在本书编写过程中所提出的宝贵意见。

本书提供微课视频、实例素材和课后习题答案等教学资源，可通过扫描书中的二维码随时观看微课视频和获取课后习题答案。

编　者

2017 年 3 月

目 录 CONTENTS

第 3 章　Word 2010 文档处理　76

第 4 章　Excel 2010 电子表格　132

第 5 章　PowerPoint 2010 演示文稿　171

第6章 计算机网络基础 213

Chapter 1

第1章
计算机基础知识

计算机是 20 世纪最伟大的发明之一，是迄今为止由科学和技术所创造的最具影响力的现代工具。在现代社会，计算机的应用无所不在，与人们的工作、学习和生活息息相关。因此，学习和掌握计算机基础知识已成为现代人的迫切要求。

本章学习目标：

- 掌握计算机的基本知识，能够选购并配置计算机
- 了解信息的表示和存储，能掌握各进制的转换规则
- 了解多媒体技术的相关知识，能熟练操作多媒体计算机

任务 1　配置个人计算机

任务描述

小张是计算机专业的一名大一新生，一直以来他对计算机的基础知识知之甚少，现在他想通过本任务的学习，掌握计算机的一些基础知识，并能够自行选购组装一台计算机用于学习娱乐。

相关知识

1.1　计算机基本知识

计算机已经渗透到人类社会生活的方方面面，成为一个不可或缺的工具，无论是学习、工作，还是生活，都离不开它。本任务着重介绍计算机的一些基本知识。

1.1.1　计算机的诞生与发展史

早在现代计算机问世之前，计算机的发展经历了机械式计算机、机电式计算机和萌芽期的电子计算机三个阶段。早在 17 世纪，欧洲一批数学家就已开始设计和制造以数字形式进行基本运算的数字计算机。

1623 年，德国科学家契克卡德（W. Schickard）制造了人类有史以来第一台机械计算机，这台机器能够进行六位数的加减乘除运算。1642 年，法国数学家 B.帕斯卡采用与钟表类似的齿轮传动装置，制成了最早的十进制加法器，首次确立了计算机器的概念。1674 年，莱布尼茨改进了帕斯卡的计算机，进一步解决了十进制数的乘、除运算，使之成为一种能够进行连续运算的机器，并且提出了"二进制"数的概念。

微课：计算机的诞生

1822年，英国科学家巴贝奇（C. Babbage）（见图1-1）制造出了第一台差分机，它可以处理3个不同的5位数，计算精度达到6位小数。1834年，巴贝奇又提出了分析机概念，描绘出了有关程序控制方式计算机的雏型，虽然这台分析机限于当时的技术条件而未能实现，但为后来计算机的出现奠定了坚实的基础。

图1-1　科学家巴贝奇

在巴贝奇设想提出后的一百多年期间，电磁学、电工学、电子学不断取得重大进展，在元件、器件方面，接连发明了真空二极管和真空三极管。在系统技术方面，相继发明了无线电报、电视和雷达。所有这些成就为现代计算机的发展准备了技术和物质条件。与此同时，数学、物理学也相应地蓬勃发展，社会上对先进计算工具多方面迫切的需要，是促使现代计算机诞生的根本动力。

1936年，英国数学家阿兰·图灵发表论文，首次从理论上证明了现代通用计算机存在的可能性，提出了一种抽象的计算模型——图灵机。图灵的基本思想是用机器来模拟人们用纸笔进行数学运算的过程，由此奠定了现代计算机的原理。自此之后人们一直为了实现这个原理而奋斗，特别是第二次世界大战爆发前后，军事科学技术对高速计算工具的需要尤为迫切。

1946年2月14日，由美国宾夕法尼亚大学莫奇利和埃克特领导的研究小组研制出世界上第一台计算机埃尼阿克（ENIAC），如图1-2所示。该计算机最初也是专门用于火炮弹道计算，后经多次改进而成为能进行各种科学计算的通用计算机。这部机器长约15.2米，宽约9.1米；使用了18 800个真空管，重达30吨（约6头大象的重量）。这台完全采用电子线路执行算术运算、逻辑运算和信息存储的计算机，运算速度比继电器计算机快1000倍。但是，这种计算机的程序仍然是外加式的，存储容量也太小，尚未完全具备现代计算机的主要特征。

再一次的重大突破是由美籍匈牙利科学家冯·诺依曼领导的设计小组完成的。早在1945

图1-2　第一台电子计算机ENIAC

年3月，他们就发表了一个全新的存储程序式通用电子计算机方案——电子离散变量自动计算机（EDVAC）。1949年8月，EDVAC交付给弹道研究实验室，在发现和解决许多问题之后，直到1951年EDVAC才开始运行。冯·诺依曼提出了程序存储的思想，并成功将其运用在计算机的设计之中，根据这一原理制造的计算机被称为冯·诺依曼结构计算机，这是所有现代电子计算机的范式，被称为"冯·诺依曼结构"，冯·诺依曼又被称为"现代计算机之父"。

同一时期，英国剑桥大学数学实验室在1949年率先制成电子离散时序自动计算机（EDSAC），美国则于1950年制成了东部标准自动计算机（SFAC）等。至此，电子计算机发展的萌芽时期遂告结束，开始进入了现代计算机的发展时期。

回顾电子计算机的发展历史，自第一台电子计算机（ENIAC）诞生以来，根据所采用的物理器件，大致可将计算机的发展划分为4个阶段。

第一代（1946—1957年）：采用电子管作为逻辑元件，也称为电子管计算机。这类计算机的特点是体积大、耗电多、运算速度较低、故障率较高而且价格昂贵。本阶段的计算机主要用于科学计算方面，此时符号语言已经出现并被使用。

第二代（1958—1964 年）：采用晶体管作为逻辑元件，也称晶体管计算机。在运算部件和存储器方面有了很大的改进，运算速度有了极大的提高。在程序设计方面，研制出了一些通用的算法和语言，出现了高级程序设计语言，操作系统的雏形开始形成。

第三代（1965—1970 年）：采用集成电路作为逻辑元件，使体积大大减小，工作速度加快，可靠性提高，使用范围更广。在程序设计技术方面有了进一步的发展，出现了操作系统、编译系统和应用程序三个独立的系统，即总称为软件。

第四代（1971 年至今）：采用大规模集成电路作为逻辑元件和存储器，使计算机向着微型化和巨型化两个方向发展。从第一代到第四代，都是采用冯·诺依曼体系结构，即都是由控制器、存储器、运算器和输入输出设备组成。

现在，计算机又朝着人工智能方向发展，目标是使计算机能像人一样思维，并且运算速度更快。同时，多媒体技术得到广泛应用，使人们能以更自然的方式与计算机进行信息交互。

1.1.2 计算机的特点

一般来说计算机具有以下几个特点。

1．运算速度快

计算机的运算速度指的是单位时间内所能执行指令的条数，一般以每秒能执行多少条指令来描述。由于计算机的运算部件采用的是电子器件，其运算速度远非其他计算工具所能比拟。目前巨型计算机的运算速度已经达到每秒几百亿次运算，能够在很短的时间内解决极其复杂的运算问题。例如一个航天遥感活动数据的计算，如果用一千个工程师手工计算需要 1000 年，而用大型计算机计算则只需 1～2 分钟。

2．计算精度高

由于计算机采用二进制表示数据，因此其精确度主要取决于机器码的字长，即常说的 8 位、16 位、32 位和 64 位等，字长越长，有效位数越多，精确度也越高。在科学的研究和工程设计中，对计算的结果精确度有很高的要求，而计算机对数据处理结果精确度可达到十几位、几十位有效数字，根据需要甚至可达到任意的精度，满足了人们对精确计算的需要。

3．存储容量大

计算机具有许多存储记忆载体，即存储器，可以将运行的数据、指令程序和运算的结果存储起来，供计算机本身或用户使用，还可即时输出。计算机的存储性是计算机区别于其他计算工具的重要特征，目前计算机的存储量已高达千兆乃至更高数量级的容量，并仍在提高。

4．具有数据分析和逻辑判断能力

计算机不仅具有基本的算术能力，还具备数据分析和逻辑判断能力，由于采用了二进制，计算机能够进行各种基本的逻辑判断并且根据判断的结果自动决定下一步该做什么，从而能求解各种复杂的计算任务，进行各种过程控制和完成各类数据处理任务。高级计算机还具有推理、诊断、联想等模拟人类的思维能力，因而计算机也俗称为"电脑"。

微课：计算机发展史

5．自动化程度高

计算机是完全按照预先编制的程序指令运行的，不同的程序指令即有不同的处理结果。因而计算机方可用于工农业生产、国防、文教、科研以及日常生活等诸多领域。例如利用计算机实行商场、仓库和企业管理，飞机票联网预定，银行联网储蓄等信息处理和管理，使我们的工作和生活获得了极大的便利，这些都是计算的实时处理和自动化功能方能提供。进入

21 世纪，特别是微型计算机获得了飞速的发展，通信时代的到来和互联网的崛起，真正将人们带到了计算机信息时代。

此外，微型计算机还有体积小、重量轻、耗电少、功能强、使用灵活、维护方便、可靠性高、易掌握、价格便宜等优点。

1.1.3 计算机的分类

计算机发展到今天，已是琳琅满目、种类繁多，并表现出各自不同的特点。可以从不同的角度对计算机进行分类，下面介绍常用的分类方法。

1．按处理的对象划分

计算机按处理的对象划分可分为模拟计算机、数字计算机和混合计算机。

（1）模拟计算机：指专用于处理连续的电压、温度、速度等模拟数据的计算机。模拟计算机解题速度快，适于解高阶微分方程，在模拟计算和控制系统中应用较多。由于受元器件质量影响，其计算精度较低，应用范围较窄，因此模拟计算机目前已很少生产。

（2）数字计算机：处理数据都是以 0 和 1 表示的二进制数字，是不连续的离散数字，具有运算速度快、准确、存储量大等优点，因此适宜科学计算、信息处理、过程控制和人工智能等，具有最广泛的用途。

（3）混合计算机：集数字计算机和模拟计算机的优点于一身，输入和输出既可以是数字数据，也可以是模拟数据。

2．根据计算机的用途划分

根据计算机的用途不同可分为通用计算机和专用计算机两种。

（1）通用计算机：广泛适用于一般科学运算、学术研究、工程设计和数据处理等，具有适应性强、应用面广的特点，市场上销售的计算机多属于通用计算机。

（2）专用计算机：为适应某种特殊需要而设计的计算机，通常增强了某些特定功能，忽略一些次要要求，所以专用计算机能高速度、高效率地解决特定问题，具有功能单纯、使用面窄甚至专机专用的特点。

模拟计算机通常都是专用计算机，在军事控制系统中被广泛地使用，如飞机的自动驾驶仪和坦克上的兵器控制计算机。本书主要介绍通用数字计算机，平常所用的绝大多数计算机都是通用数字计算机。

3．根据计算机的规模划分

计算机的规模由计算机的一些主要技术指标来衡量，如字长、运算速度、存储容量、外部设备、输入和输出能力、配置软件丰富与否、价格高低等。计算机根据其规模可分为巨型机、大型机、中型机、小型机、微型机和工作站。

（1）巨型机：又称超级计算机，它的运算速度快、存储容量大、结构复杂、价格昂贵，主要用于国防尖端技术和现代科学计算等领域。目前巨型机的运算速度已达每秒几十万亿次，并且这个记录还在不断刷新。巨型机是计算机发展的一个重要方向，研制巨型机也是衡量一个国家经济实力和科学水平的重要标志。巨型机目前在国内还不多，我国研制的"银河"计算机就属于巨型机。

（2）大、中型机：运算速度在每秒几千万次左右的计算机，一般用于科学计算、数据处理或用作网络服务器，但随着微机与网络的迅速发展，正在被高档微机所取代。

（3）小型机：运算速度在每秒几百万次左右，小型机一般用于工业自动控制、医疗设备中的数据采集等方面。目前小型机同样受到高档微机的挑战。

（4）微型机：简称微机，又叫个人计算机（PC），是目前发展最快、应用最广泛的一种计算机。微机的中央处理器采用微处理芯片，体积小巧轻便。目前微机使用的微处理芯片主要有 Intel 公司的 Pentium 系列、AMD 公司的 Athlon 系列，还有 IBM 公司的 Power PC 等。

（5）工作站：主要应用在专业的图形处理和影视创作等领域，通常配有高分辨率的大屏幕显示器及容量很大的内存储器和外部存储器，并且具有较强的信息处理功能和高性能的图形、图像处理功能以及联网功能。它实际上是一台性能更高的微型机。

1.1.4　计算机的应用领域

电子计算机的飞速发展改变了传统的工作、学习和生活方式，人类已经进入以计算机为基础的信息时代。计算机的应用领域已渗透到社会的各行各业，推动着社会的发展。计算机的主要应用领域有以下 6 大方面。

1．科学计算（或数值计算）

科学计算是指利用计算机来完成科学研究和工程技术中提出的数学问题的计算。早期的计算机主要用于科学计算。由于计算机具有很高的运算速度和精度以及逻辑判断能力，可以实现人工无法解决的各种科学计算问题。因此目前科学计算仍然是计算机应用的一个重要领域。如高能物理、工程设计、地震预测、气象预报、航天技术等。

2．数据处理（或信息处理）

数据处理是指对各种数据进行收集、存储、整理、分类、统计、加工、利用、传播等一系列活动的统称，如企业管理、物资管理、报表统计、账目计算、信息情报检索等。据统计，80%以上的计算机主要用于数据处理，数据处理是目前计算机应用最广泛的一个领域，决定了计算机应用的主导方向。

3．计算机辅助技术

（1）计算机辅助设计（Computer Aided Design，CAD）

计算机辅助设计是指利用计算机来帮助设计人员进行工程或产品设计，以提高设计工作的自动化程度，节省人力和物力。目前，此技术已广泛地应用于飞机、汽车、机械、电子、建筑和轻工等领域。

微课：计算机的应用领域

例如，在建筑设计过程中，可以利用 CAD 技术进行力学计算、结构计算、绘制建筑图纸等，这样不但提高了设计速度，而且可以大大提高设计质量。

（2）计算机辅助制造（Computer Aided Manufacturing，CAM）

计算机辅助制造是指利用计算机进行生产设备的管理、控制与操作，从而提高产品质量、降低生产成本，缩短生产周期，并且还大大改善了制造人员的工作条件。例如，在产品的制造过程中，用计算机控制机器的运行，处理生产过程中所需的数据，控制和处理材料的流动以及对产品进行检测等。

（3）计算机辅助测试（Computer Aided Test，CAT）

计算机辅助测试是指利用计算机进行复杂而大量的测试工作，它可以用在不同的领域。在教学领域，可以使用计算机对学生的学习效果进行测试和学习能力估量，一般分为脱机测试和联机测试两种方法。在软件测试领域，可以使用计算机来进行软件的测试，提高测试效率。

（4）计算机辅助教学（Computer Aided Instruction，CAI）

计算机辅助教学是指利用计算机帮助教师讲授和帮助学生学习的自动化系统，使学生能够轻松自如地从中学到所需要的知识。CAI 的主要特色是交互教育、个别指导和因人施教。

4．过程检测与控制

利用计算机对工业生产过程中的某些信号自动进行检测，并把检测到的数据存入计算机，再根据需要对这些数据进行处理，这样的系统称为计算机检测系统。特别是仪器仪表引进计算机技术后所构成的智能化仪器仪表，将工业自动化推向了一个更高的水平。

5．人工智能（或智能模拟）

人工智能（ArtificialIntelligence，AI）是计算机模拟人类的智能活动，诸如感知、判断、理解、学习、问题求解和图像识别等。近年来人工智能的研究开始走向实用化，例如，能模拟高水平医学专家进行疾病诊疗的专家系统，具有一定思维能力的智能机器人等。

6．网络应用

计算机技术与现代通信技术的结合构成了计算机网络。计算机网络的建立，实现了全球性的资源共享和信息传递，极大地促进了人类社会的进步和发展。

1.2　计算机硬件系统

计算机系统由硬件系统和软件系统两大部分组成，而硬件系统和软件系统又由若干个部件组成，具体如图 1-3 所示。

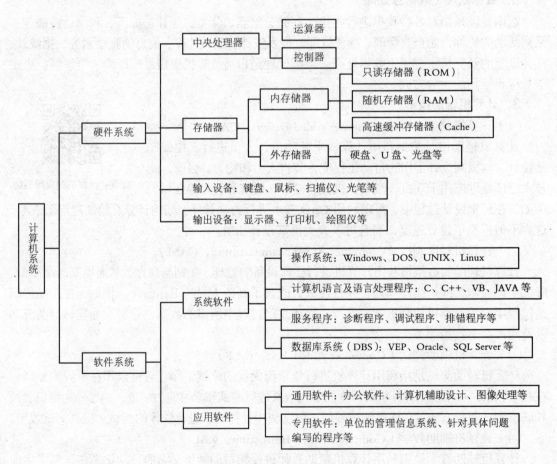

图 1-3　计算机系统的组成

硬件系统是计算机的"躯干"，是物质基础。而软件系统则是建立在这个"躯干"上的"灵魂"。如果计算机硬件脱离了计算机软件，那么它就成为了一台无用的机器；如果计算机软件脱离了计算机的硬件，就失去了它运行的物质基础。所以说二者相互依存，缺一不可，共同构成一个完整的计算机系统。

下面将从计算机的基本结构、工作原理、主要性能指标以及微型计算机的硬件组成几方面来介绍计算机的硬件系统相关知识。

1.2.1　计算机的基本结构及工作原理

现代计算机尽管在性能和用途各方面有所不同，但都是遵循了冯·诺依曼提出的"存储程序和程序控制"的原理，采用了冯·诺依曼的体系结构。根据冯诺依曼体系结构设计的计算机，其基本组成和工作方式如下。

（1）计算机硬件由五个基本部分组成：运算器、控制器、存储器、输入设备和输出设备。

（2）计算机内部采用二进制来表示程序和数据。

（3）采用"存储程序"的方式，将程序和数据放入同一个存储器中（内存储器），计算机能够自动高速地从存储器中取出指令加以执行。

按照冯·诺依曼存储程序的原理，五大部件实际上是在控制器的控制下协调统一地工作，如图 1-4 所示。首先，控制器发出输入命令，把表示计算步骤的程序和计算中需要的相关数据通过输入设备送入计算机的存储器存储。其次在计算开始时，在取指令作用下把程序指令逐条送入控制器。控制器根据程序指令的操作要求向存储器和运算器发出存储、取数和运算命令，经过运算器计算并把结果存放在存储器内。最后控制器发出取数和输出命令，通过输出设备输出计算结果。

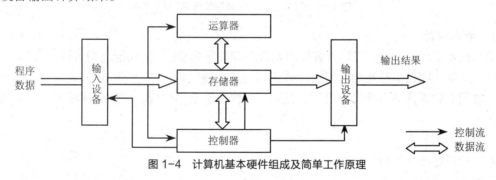

图 1-4　计算机基本硬件组成及简单工作原理

可以说计算机硬件的五大部件中每一个部件都有相对独立的功能，分别完成各自不同的工作，下面分别进行介绍。

1．运算器（ALU）

运算器或称算术逻辑单元（Arithmetic Logic Unit，ALU），它的主要功能是对数据进行各种算术运算和逻辑运算。算术运算是指加、减、乘、除等基本的常规运算。逻辑运算是指"与""或""非"这样的基本逻辑运算以及数据的比较、移位等操作。在计算机中，任何复杂运算都转化为基本的算术与逻辑运算，然后在运算器中完成。

2．控制器（CU）

控制器（Controller Unit，CU）是整个计算机系统的控制中心，它指挥计算机各部分协调地工作，保证计算机按照预先规定的目标和步骤有条不紊地进行操作及处理。它的基本功能是从内存取指令和执行指令。指令是指示计算机如何工作的一步操作，由操作码（操作方法）

及操作数（操作对象）两部分组成。控制器从内存中逐条取出指令，分析指令，并根据分析的结果向计算机其他部分发出控制信号，统一指挥整个计算机完成指令所规定的操作。计算机自动工作的过程，实际上是自动执行程序的过程，而程序中的每条指令都是由控制器来分析执行的，因此，控制器是计算机实现"程序控制"的主要部件。

通常将运算器和控制器统称为中央处理器（Central Processing Unit，CPU）。CPU 是整个计算机的核心部件，是计算机的"大脑"，它控制了计算机的运算、处理、输入和输出等工作。

3. 存储器（Memory Unit）

存储器的主要功能是存储程序和各种数据信息，并能在计算机运行过程中高速、自动地完成程序或数据的存取。存储器是具有"记忆"功能的设备，它以二进制形式存储信息。根据存储器与 CPU 联系的密切程度可分为内存储器（主存储器）和外存储器（辅助存储器）两大类。内存直接与 CPU 交换信息，它的特点是容量小，存取速度快。一般用来存放正在运行的程序和待处理的数据。外存作为内存的延伸，间接和 CPU 联系，用来存放系统必须使用，但又不急于使用的程序和数据，程序必须从外存调入内存方可执行。外存的特点是存取速度慢，存储容量大，可以长时间地保存。CPU 与内存、外存之间的关系如图 1-5 所示。

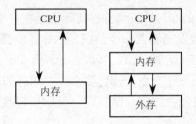

图 1-5 CPU 访问内、外存储器的方式

4. 输入设备

输入设备是用来向计算机输入各种原始数据和程序的装置。其功能是把各种形式的信息，如数字、文字、图像等转换为计算机能够识别的二进制代码，并把它们输入到计算机内存储起来。常用的输入设备有键盘、鼠标、光笔、扫描仪、数字化仪、条形码阅读器、视频摄像机等。

5. 输出设备

输出设备是将计算机的处理结果传送到计算机外部供计算机用户使用的装置。其功能是把计算机加工处理的结果（二进制形式的数据信息）换成人们所需要的或其他设备能接受和识别的信息形式，如文字、数字、图形、声音等。常用的输出设备有显示器、打印机、绘图仪等。

1.2.2 计算机的主要性能指标

计算机功能的强弱或性能的好坏，是由多项技术指标综合确定的，一般从以下几个方面来衡量计算机的性能。

1. 主频

主频是指计算机的时钟频率，是指 CPU 在单位时间内输出的脉冲数，单位为 MHz，它是决定计算机速度的重要指标。一般说来，主频越高，运算速度就越快。

2. 字长

字长是计算机信息处理中可以同时处理的二进制数的位数，字长决定了计算机的运算精度。字长越长，数据的运算精度越高，计算机的运算功能越强。在其他指标相同时，字长越大计算机处理数据的速度就越快。

3．内存容量

内存容量是指内存储器中能存储的信息总字节数。内存容量越大，计算机处理时与外存交换数据的次数就越少，处理速度就越快。内存容量的基本单位是字节，一个字节等于 8 个二进制位（bit）。除此之外，常用的存储容量单位还有 KB（千字节）、MB（兆字节）、GB（吉字节）、TB（太字节）和 PB（皮字节）。具体换算关系如下：

$$1KB=2^{10}B=1024B$$
$$1MB=2^{20}B=1024KB$$
$$1GB=2^{30}B=1024MB$$
$$1TB=2^{40}B=1024GB$$
$$1PB=2^{50}B=1024TB$$

4．存取周期

存取周期是指存储器连续两次独立的"读"或"写"操作所需的最短时间，单位用纳秒（ns, $1ns=10^{-9}s$）表示。存储器完成一次"读"或"写"操作所需的时间称为存储器的访问时间（或读写时间）。存取周期越短，计算机的运算速度越快。

5．运算速度

运算速度是指计算机每秒钟能执行的指令数，一般以每秒所能执行的百万条指令数来衡量，单位为 MI/S（每秒百万条指令）。它是衡量计算机性能的一项重要指标，其主要影响因素是中央处理的主频和存储器的存取周期。

除了上述这些主要性能指标外，计算机还有其他一些指标，如机器的兼容性、系统的可靠性、系统的可维护性、硬件的可扩展性等。另外，各项指标之间也不是彼此孤立的，在实际应用时，应该把它们综合起来考虑，而且还要遵循"性能价格比"的原则。

1.2.3　微型计算机的硬件组成

微型计算机以微处理器为基础，配以存储器、输入/输出接口电路及相应的辅助电路而组成，我们日常接触的个人计算机都属于微机范畴。微机的基本构件如图 1-6 所示，主要包括主机箱、显示器、鼠标和键盘，其中主机箱内有主板、CPU、硬盘驱动器、光盘驱动器、电源、显示适配器（显示卡）等。

图 1-6　微机的基本构件

1．主板

主板（MotherBoard）也叫系统板或母板，它是整个计算机的基板，是 CPU、内存、显卡及各种扩展卡的载体，是连接计算机各部件的桥梁。其中主要组件包括 CMOS、CPU 插槽、基本输入/输出系统（BIOS）、内存插槽、高速缓冲存储器、键盘接口、硬盘驱动器接口、USB

接口、总线扩展插槽（ISA、PCI 等扩展槽）、串行接口（COM1，COM2）、并行接口（打印机接口 LPT1）等，如图 1-7 所示。

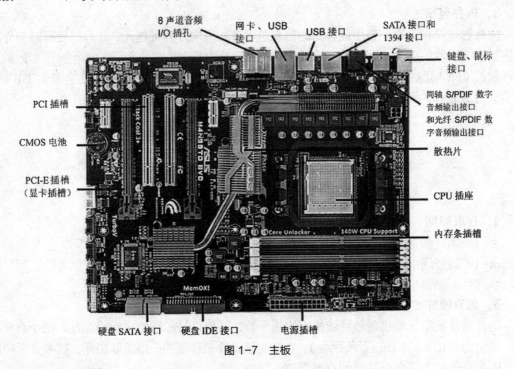

图 1-7　主板

2．中央处理器

中央处理器（CPU）也称为微处理器，是微机硬件系统的核心部分，它在计算机中的作用相当于人的大脑。CPU 主要包括运算器和控制器两大部件，运算器负责对数据进行算术运算和逻辑运算操作，控制器主要负责对程序所执行的指令进行分析，并协调计算机各部件进行工作。计算机的性能在很大程度上由 CPU 的性能决定，而衡量 CPU 性能的最重要技术指标是主频，即 CPU 的时钟频率，主频越高，CPU 处理数据的速度就越快。

现阶段 CPU 主要由 Intel 和 AMD 公司生产，我们一般对微型机的命名也主要参考微处理器的型号，如一台微机标明 P4 2.4GHz，就是说这台微机的处理器是 Pentium 4，工作频率是 2.4GHz。图 1-8 所示就是一款由 Intel 公司生产的 Pentium 4 型号的 CPU。

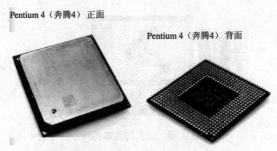

图 1-8　中央处理器（CPU）

3．存储器

存储器是计算机的重要组成部分，用来存储计算机工作所需的信息（程序和数据），是构成计算机信息记忆功能的部件。存储器可分为内存储器和外存储器两大类，其中内存储器也叫主存储器，简称内存；外存储器也叫辅助存储器，简称外存。

内存由半导体器件构成，主要由只读存储器（Read Only Memory，ROM）和随机存储器（Random Access Memory，RAM）两部分构成。只读存储器 ROM 的特点是只能读出不能写入信息，在主板上的 ROM 里面固化了一个基本输入/输出系统，称为 BIOS（基本输入/输出系统）。其主要作用是完成对系统的加电自检、系统中各功能模块的初始化、安装系统的基本输入/输出的驱动程序及引导操作系统。RAM 随机存储器可以进行任意的读或写的操作，它主要用来存放操作系统、各种应用程序、数据等。数据、程序在使用时从外存读入内存 RAM 中，使用完毕后在关机前再存回外存中。当计算机电源关闭时，存于 ROM 中的数据不会丢失，而存于 RAM 随机存储器中的数据会丢失。

外存用于存储暂时不用的程序和数据，外存与内存之间频繁交换信息，但外存不能被计算机其他部件直接访问。常用的外存有硬盘、光盘和磁带存储器等。

4．硬盘

硬盘作为微机系统的外存储器，成为微机的主要配置之一，它是计算机中最大的存储设备，通常用于存放永久性的数据和程序。硬盘由硬盘片、硬盘驱动电机和读写磁头等组装并封装在一起成为温彻斯特驱动器。硬盘工作时，固定在同一个转轴上的数张盘片以每分钟 7200 转甚至更高的速度旋转，磁头在驱动马达的带动下在磁盘上做径向移动，寻找定位点，完成写入或读出数据工作。硬盘使用前要经过低级格式化、分区及高级格式化后方可使用。硬盘的低级格式化出厂前已完成，图 1-9 所示为常见的硬盘。

5．光驱

光盘驱动器简称光驱，光驱用来读写存储数据的介质——光盘。光盘是利用激光原理进行读写的设备，主要有只读型、一次写入型和可擦写型等，具有容量大、寿命长、价格低等特点。目前微机上主要配备的是 CD-ROM（只读型光盘）驱动器，如图 1-10 所示。

图 1-9　硬盘

图 1-10　光驱

6．U 盘

U 盘也称闪存盘，是采用 USB 接口和非易失随机访问存储器技术设计的便携式移动存储器。它无须外接电源，即插即用，具有速度快，而且防磁、防震、防潮等优点。断电后数据不消失，可擦写 100 万次以上，数据至少保存 10 年，是目前使用最广泛的外存储设备之一，其存储容量从几十到几百吉字节不等。图 1-11 所示为常见的 U 盘。

7．显示器

显示器是计算机必备的输出设备，用来显示计算机的工作状态以及输出信息的处理结果。显示器的外形与电视机相似，清晰度比

图 1-11　U 盘

一般的电视机要高。常用的有阴极射线管（简称 CRT）显示器、液晶（简称 LCD）显示器，如图 1-12 所示，其中 LCD 显示器是现在市场的主流产品。

（a）CRT 显示器　　　　　（b）LCD 显示器

图 1-12　两种典型的显示器

显示器应配备相应的显示适配器（又称显卡）才能工作。显卡一般被插在主板的扩展槽内，通过总线与 CPU 相连。当 CPU 有运算结果或图形要显示的时候，首先将信号送到显卡，由显卡的图形处理芯片把它们翻译成显示器能够识别的数据格式，并通过显卡后面的"显示接口"和显示电缆传给显示器。常用的显卡有多种，如 CGA 卡、VGA 卡、MGA 卡等。所有的显卡只有配上相应的显示器和显示软件才能发挥它们的最高性能。

8．键盘

键盘是计算机基本的输入设备之一，通过一根电缆线与主机相连接。虽然由于 Windows 的广泛使用，可以由鼠标或其他输入设备来替代键盘的部分功能，但是在进行文本处理或程序设计时，还是主要靠键盘来进行输入。

按结构划分，可将键盘分为机械式和电容式两类。机械式键盘，在击键时需用较大的力，击键的声音也大。现在流行的键盘是电容式键盘，它的特点是手感好，击键声音小，寿命较长。

按接口划分，常见的键盘有老式 AT 接口、PS/2 接口以及 USB 接口三种。老式 AT 接口，俗称大口，目前已经基本淘汰，现在市场主流的产品是 USB 接口，支持热插拔，即插即用。

9．鼠标

鼠标也是基本的输入设备之一。现在的计算机工作界面为图形界面，通过鼠标，用户可以方便、快速地完成很多操作。

常见的鼠标有机械式和光电式两大类。机械式鼠标通过鼠标下面的滚球来控制鼠标指针的方向，光电式鼠标则通过光学原理来控制鼠标指针。由于光电式鼠标的先进性和易用性，加上价格的大众化，目前已成为用户的首选。

鼠标按接口类型划分，可分为串口接口、PS/2 接口和 USB 接口的鼠标。串口接口广泛用于机械式鼠标，PS/2 接口和 USB 接口是目前最为流行的鼠标接口。有的鼠标生产厂商为了方便用户，会搭配一个转换接口，可以将 USB 接口转换为 PS/2 接口。

1.3　计算机软件系统

微课：计算机软件系统

计算机软件是指计算机系统中的程序及其文档，程序是计算任务的处理对象和处理规则的描述；文档是为了便于用户了解程序所需的阐明性资料。计算机软件是用户与硬件之间的接口界面。用户主要是通过软件与计算机进行交流。没有安装任何软件的计算机通常称为"裸机"，裸机是无法工作的。软件是计算机系统设计的重要依据。为了使计算机系统拥有较高的总体效用，在设计计算机系统时，必须全面考虑软件与硬件的结合，以及用户的要求和软件的要求。

计算机软件总体分为系统软件和应用软件两大类。

1.3.1 系统软件介绍

系统软件紧靠硬件，是用户和计算机第一界面，与具体应用领域无关，负责管理计算机系统中各种独立的硬件，使得它们可以协调工作。有了系统软件，计算机使用者和其他软件就可把计算机当作一个整体，不需要顾及到底层每个硬件是如何工作的。一般来讲，系统软件包括操作系统、数据库管理系统、语言处理程序和系统服务性程序四大类。

1．操作系统

操作系统是系统软件的核心，是由指挥与管理计算机系统运行的程序模板和数据结构组成的一种大型软件系统，其功能是管理计算机软硬件资源和数据资源，为用户提供高效、全面的服务。常见的操作系统有 Windows、UNIX、Linux 等，其中 Windows 占领了目前的主流市场。

2．数据库管理系统

数据库是将相关性的数据以一定的组织方式存储起来的数据集合。数据库管理系统就是在具体计算机上实现数据库技术的系统软件，由它来实现用户对数据库的创建、管理、维护和使用等功能。常见的数据库管理系统有 SQL Server、Oracle 和 Access 等。

3．语言处理程序

计算机能够直接理解并执行用机器语言编制的程序，而其他所有语言编写的程序都必须经过一个翻译过程转换为机器语言程序才能被执行，实现这个翻译过程的工具是语言处理程序，即翻译程序。

4．服务性程序

服务性程序，如诊断程序、排错程序、练习程序等，是计算机系统的支撑软件，其作用是确保计算机能够正常运行。

1.3.2 应用软件介绍

应用软件是指特定应用领域专用的，用于解决处理某些具体问题的软件。由于计算机已经渗透到了各个领域，因此，应用软件是多种多样的。可以是一个特定的程序，比如一个图像浏览器。也可以是一组功能联系紧密，可以互相协作的程序的集合，如微软的 Office 软件。应用软件较常见的有办公软件，如 Microsoft Office、WPS Office；网站开发软件，如 Dreamweaver、Flash；图形图像处理软件，如 Photoshop、CorelDRAW；多媒体播放和处理软件，如暴风影音、酷狗音乐、绘声绘影；实时控制软件，如极域电子教室等。

任务实施

通过学习，小张已经掌握了一些基本的计算机知识，下面结合小张选购和配置计算机软硬件的全过程，来介绍如何配置一台普通的个人计算机。

1．计算机配件选购原则

在计算机软硬件飞速发展的今天，硬件产品更新换代极其频繁，如何选配一台符合自己要求且性价比高的计算机，已成为大家共同追求的目标。总的来说，在选购过程中应该从以下几个原则为出发点来采购计算机配件。

（1）强化用途。

选购计算机配件之前，应该明确计算机的用途，在合理搭配各个配件的同时，强化专业用途。合理搭配，能使各个部件协调工作，充分发挥各部件的性能；强化用途，可以在有限的资金上，凸显用户使用方面的性能。如家庭娱乐的计算机，对内存容量、CPU 速度、显卡性能要求不高，而显示器最好能选择大尺寸宽屏的液晶显示器。

（2）节约够用。

一味地追求高配置并不一定能够发挥其强大的性能，同样盲目选购低价位低性能也会导致计算机无法满足用户的需求。权衡价格与性能，选择性价比高的计算机是首选之策。如购买计算机主要用于家庭上网，性能要求并不高的，则选择市场上较低档的计算机即可。

（3）合适好用。

选择名牌机还是杂牌机，组装机还是品牌机，台式机还是笔记本电脑，要依据具体情况而定。名牌机质量可靠，售后服务完善；杂牌机价格低廉，质量没有任何保障。品牌机对于初学者来说是个省时省力的选择；组装机对于掌握了一定的计算机知识的人来说可以随时根据自己的需要进行升级。要实现移动办公则选择笔记本电脑；若是普通用户，台式机则是较好的选择，因为同性能的台式机价格要比笔记本电脑低很多。

2．计算机配件采购清单

小张的计算机主要用于学习和日常娱乐，经综合考虑之后，他决定自己采购配件来组装一台中低档的台式机。表 1-1 所示是小张选购的计算机各硬件型号。

表 1-1　硬件名称及型号

产品名称	产品型号
CPU	I3 4130
主板	梅捷 H91
内存	金士顿 4G
显示器	明基（BenQ）VZ2750
硬盘	120GB 固态硬盘
显卡	影驰 7301GB
机箱	棋行天下
电源	游戏伙伴 400W 宽频
音响	Edifier／漫步者 R86
键盘、鼠标	雪貂

3．计算机硬件安装

硬件选购完毕，接下来的任务就是把所选的设备组装成一台计算机，下面就是组装台式计算机的步骤。

微课：硬件安装

（1）将电源安装在机箱的电源位上。

（2）将硬盘安装在机箱的硬盘驱动器舱上。

（3）将 CPU 安装在主板处理器插座上，再将散热风扇固定在 CPU 上方。

（4）将内存条插入主板内存插槽中。

（5）将主板安装在机箱主板托架上。

（6）根据显卡总线选择合适的插槽，并将显卡插入该插槽中。

（7）连接好机箱与主板之间的电源线。

（8）整理内部连线并合上机箱盖。

（9）连接键盘、鼠标、显示器与主机，使计算机一体化。

（10）检测主机是否正常工作，给机器加电，若显示器能够正常显示，表明初装正确，若开机不显示，再重新检查各个接线。

进行了上述的步骤，一般硬件的安装就完成了。

4．计算机软件安装

要使计算机运行起来，除了安装上述的硬件外，还需进行软件的安装，这里包括安装系统软件（如操作系统）和应用软件。这里以使用"大白菜装机版 7.3"安装 Windows 7 系统为例，具体操作如下。

微课：操作系统安装

（1）使用大白菜装机版，制作一个大白菜 U 盘启动盘，将下载好的 ghost Windows 7 系统镜像包放入制作好的大白菜 U 盘启动盘中。

（2）把大白菜 U 盘启动盘插在电脑上，然后开机，直接按<F12>键进入到快捷启动菜单（根据主板不同，进 BIOS 的按键也各不相同，常见的有<Delete>，<F12>，<F2>，<Esc>等），在菜单中选择 U 盘名称，即可从 U 盘启动。在启动进入 U 盘界面后，选择"[02]运行大白菜 Windows 8 防蓝屏版 PE（新电脑）"，按回车键确认。

（3）成功登录到大白菜装机版 PE 系统桌面后，双击"分区工具 DiskGenius"，对硬盘进行"快速分区"操作，设置好需要的分区数目，并设置 C 盘为主分区（主分区为系统盘）。

（4）待快速分区操作完成后，双击大白菜装机版 PE 系统桌面上的"大白菜 PE 装机工具"图标，双击运行。在弹出的"大白菜 PE 一键装机工具"对话框中，单击"浏览"按钮，找到事先保存在 U 盘上的 ghost Windows 7 系统镜像文件，单击选择 C 盘为系统安装盘，再单击"确定"按钮，进入系统安装窗口。

（5）此时耐心等待系统文件释放至 C 盘的过程结束，释放完成后，计算机会重新启动，稍后将继续执行安装 Windows 7 系统后续的安装步骤，所有安装完成之后便可进入到 Windows 7 系统桌面。

（6）系统安装完成后，再安装 Office、PS 等应用软件。

课后练习

一、填空题

1. 世界上第一台电子计算机是于_____诞生在_____。

2. 科学家_____被计算机界称誉为"计算机之父"，他的存储程序原则则被誉为计算机发展史上的一个里程碑。

3. ROM 的意思是_____。

4. 计算机的 CPU 包括_____和_____。

5. 计算机系统包括_____。

6. _____是 CPU 与主存储器之间进行数据交换的缓冲。其特点是速度快，但容量小。

二、单项选择题

1. 电子数字计算机从第一代到第四代大部分体系结构都是相同的，是由运算器、控制器、存储器以及输入/输出设备组成的，称为_____体系结构。

  A. 艾伦·图灵 B. 罗伯特·诺伊斯 C. 比尔·盖茨 D. 冯·诺依曼

 2. 在下列设备中_____不是存储设备。

  A. 硬盘驱动器 B. 磁带机   C. 打印机   D. 光盘驱动器

 3. 内存储器存储信息时的特点是_____。

  A. 存储的信息永不丢失，但存储容量相对较小

  B. 存储信息的速度极快，但存储容量相对较小

  C. 关机后存储的信息将完全丢失，但存储信息的速度不如硬盘

  D. 存储信息的速度快，存储的容量极大

 4. 表示存储器的容量时，MB 的准确含义是_____。

  A. 1 米   B. 1024 千字节 C. 1024 字节   D. 1000 字节

三、判断题

 1. 磁盘的存取速度比主存储器慢。( )

 2. 内存储器与 CPU 间接交换信息。( )

 3. 辅助存储器用于存储当前不参与运行或需要长久保存的程序和数据. 其特点是存储容量大、价格低，但与主存储器相比，其存取速度较慢。( )

 4. 一般所说的计算机内存容量是指随机存取存储器的容量。( )

答案：任务 1 课后练习

 5. ROM 中存储的信息断电即消失。( )

 6. 主存储器和 CPU 均包含于处理器单元中。( )

 7. 外存上的信息可直接进入 CPU 处理。( )

 8. 安装在主机箱内的硬盘属于主存储器。( )

 9. 计算机的所有计算都是在内存中进行的。( )

 10. 在微型计算机中，寄存器是一种特殊的内存储器。( )

任务 2 了解信息的表示和存储

任务描述

  小张同学通过上一任务对计算机基础知识的学习，知道了所有的信息在计算机中都是以二进制的形式表示的，现在他想学习有关二进制数的相关知识，并掌握各进制之间的换算规则。

相关知识

2.1 认识计算机中的信息和数据

  计算机最主要的功能是处理各种信息，那什么是信息呢？信息是人们表示一定意义的符号的集合。它可以是数字、文字、图形、图像、动画、声音等，是人们用以对客观世界直接进行描述的代表，其内容可以在人与人之间进行传递。数据是信息在计算机内部的具体表现形式，是各种各样的物理符号及其组合，它反映了信息的内容。数据可以在物理介质上记录或传输，并通过外围设备被计算机接收，经过处理而得到结果。

在计算机中能直接表示和使用的数据有数值数据和字符数据两大类。数值数据用于表示数量的多少，字符数据又叫非数值数据，包括英文字母、汉字、数字、运算符号以及其他专用符号。不管是数值数据还是字符数据，在计算机中都要转换成二进制编码的形式，主要原因有如下 4 点。

（1）电路简单。

计算机是由逻辑电路组成的，因此可以很容易地用电气元件的导通和截止来表示二进制数的 0 和 1 两个数码。

（2）工作可靠。

在计算机中，用电气元件的两种状态表示两个数码，在传输和运算中不易出错，因而电路更加可靠。

（3）简化运算。

二进制的运算法则很简单，例如，求积和求和的法则都只有 3 个，而如果使用十进制要烦琐得多。

（4）逻辑性强。

计算机工作原理是建立在逻辑运算基础上的，逻辑代数是逻辑运算的理论依据。二进制只有两个数码，正好代表逻辑代数中的"真"（True）和"假"（False），因此用二进制计算具有很强的逻辑性。

2.2 了解数制间的转换

计算机内部都是采用二进制数来表示程序和数据的，本任务将重点介绍其他进制数和二进制之间的转换关系。

2.2.1 数制的概念

数制，也称计数制，是指用一组固定的符号和统一的规则来表示数值的方法。进制是进位计数制的简称，是目前世界上使用最广泛的一种计数方法。进位计数制的数码所表示的数值大小与它在数中所处的位置有关，其大小主要取决于基数和位权两个要素。

微课：数制的概念

数码：用不同的数字符号来表示一种数制的数值，这些数字符号称为数码。二进制的数码为 0 和 1，八进制数码为 0~7，十进制数码为 0~9，十六进制数码为 0~9，A~F。

基数：在一种数制中采用数码的个数称为基数。在采用进位计数制的系统中，如果只用 r 个数码（例如 0，1，2……r-1）表示数值，则称其为 r 数制，r 称为该数制的基数。如二进制，就是 r=2，即基本符号为 0 和 1。如日常生活中常用的十进制，就是 r=10，即数码为 0，1，2……9。

位权：数制中每一固定位置对应的单位值称为位权。位权实际就是处在某一位上的 1 所表示的数值大小。一般情况下，对于 r 进制数，整数部分右数第 i 位的位权为 r^{i-1}，而小数部分左数第 i 位的位权为 r^{-i}。如在十位制中，个位的位权是 10^0，十位的位权是 10^1……向右依次是 10^{-1}，10^{-2}……常见各进制的位权如表 2-1 所示。

例：十进制数 12.5 可写$(12.5)_{10}$或 12.5(10)，也可用后缀 D，如 12.5D 或(12.5)D。

表 2-1　各进制的规则及表现形式

进位制	规则	基数	数码	权	表示形式
二进制	逢二进一	2	0、1	2^i	B
八进制	逢八进一	8	0、…、7	8^i	O
十进制	逢十进一	10	0、…、9	10^i	D
十六进制	逢十六进一	16	0、…、9、A、…、F	16^i	H

2.2.2　不同数制间的转换

1．r 进制数转换为十进制数

微课：r 进制转换
为十进制数

转换规则：r 进制转换为十进制数，采用 r 进制数的位权展开法，即将 r 进制数按"位权"展开形成多项式并求和，得到的结果就是转换结果。

【例 2-1】把二进制数 $(101011.1011)_2$ 转换成十进制数。

解：$(101011.1011)_2 = 1 \times 2^5 + 0 \times 2^4 + 1 \times 2^3 + 0 \times 2^2 + 1 \times 2^1 + 1 \times 2^0 + 1 \times 2^{-1} + 0 \times 2^{-2} + 1 \times 2^{-3} + 1 \times 2^{-4}$

$= 32 + 0 + 8 + 0 + 2 + 1 + 0.5 + 0 + 0.125 + 0.0625$

$= (43.6875)_{10}$

【例 2-2】把八进制数 $(65.21)_8$ 转换为十进制数。

解：$(65.21)8 = 6 \times 8^1 + 5 \times 8^0 + 2 \times 8^{-1} + 1 \times 8^{-2}$

$= 48 + 5 + 2/8 + 1/64$

$= (53.265625)_{10}$

【例 2-3】把十六进制数 $(125.FB)_{16}$ 转换为十进制数。

解：$(125.FB)_{16} = 1 \times 16^2 + 2 \times 16^1 + 5 \times 16^0 + 15 \times 16^{-1} + 11 \times 16^{-2}$

$= 256 + 32 + 5 + 15/16 + 11/16^2$

$= (293.98046875)_{10}$

2．十进制数转换为 r 进制数

微课：十进制数
转换为 r 进制数

转换规则：整数部分采用"逐次除以基数取余"法，直到商为 0，再由下往上取余数的数码，即得整数部分转换后的值。小数部分采用"逐次乘以基数取整"法，直到小数部分为 0 或取到有效数位，再由上往下取余数的数码，即得小数部分转换后的值。

【例 2-4】把十进制数 $(52.6875)_{10}$ 转换成二进制数。

整数部分：方法是除以 2 取余法。即逐次除以 2，直至商为 0，再由下往上取余数，即为二进制数各位的数码。

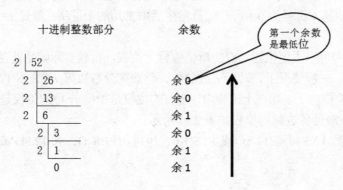

　　小数部分：方法是乘 2 取整法。即逐次乘以 2，直到小数部分为 0 或取到有效数位，再由上往下取乘积的整数部分，得到二进制数各位的数码。

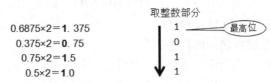

取整数部分

0.6875×2=**1**. 375　1　最高位
0.375×2=**0**. 75　　0
0.75×2=1.5　　　　1
0.5×2=1.0　　　　　1

　　得：（0.6875）$_{10}$ = (0.1011)$_2$

　　注：十进制小数不一定能转换成完全等值的二进制小数，有时要取近似值。

　　得到最终结果：(52.6875)$_{10}$ = (110100.1011)$_2$

　　用同样的方法，可将十进制数转换成八进制数和十六进制数，分别采用"整数部分除 8 取余，小数部分乘 8 取整"和"整数部分除 16 取余，小数部分乘 16 取整"法。

3．非十进制数之间的转换

　　通常两个非十进制数之间的转换方法是采用上述两种方法的组合，即先将被转换数转换为相应的十进制数，然后再将十进制数转换为其他进制数。由于二进制、八进制和十六进制之间存在着特殊关系，即 $8^1=2^3$，$16^1=2^4$，因此转换方法就比较容易，如表 2-2 所示。

表 2-2　二进制、八进制和十六进制之间的关系

二进制	八进制	二进制	十六进制	二进制	十六进制
000	0	0000	0	1000	8
001	1	0001	1	1001	9
010	2	0010	2	1010	A
011	3	0011	3	1011	B
100	4	0100	4	1100	C
101	5	0101	5	1101	D
110	6	0110	6	1110	E
111	7	0111	7	1111	F

　　（1）二进制、八进制数之间的转换。

　　由于 1 位八进制数相当于 3 位二进制数，因此，二进制数转换成八进制数，只需以小数点为界，整数部分按照由右至左（由低位向高位）、小数部分按照从左至右（由高位向低位）的顺序每 3 位划分为一组，最后不足 3 位二进制数时用零补足。按表 1-4 所示，每 3 位二进制数分别用与其对应的八进制数码来取代，即可完成转换。而将八进制转换成二进制的过程正好相反。

　　【例 2-5】将二进制数(11101010.11010101)$_2$转换成八进制数。

$$(\ \ \underline{011}\ \ \ \ \underline{101}\ \ \ \ \underline{010}.\ \ \ \ \underline{110}\ \ \ \ \underline{101}\ \ \ \ \underline{010}\ \ )_2$$

$$(\ \ \ 3\ \ \ \ \ \ 5\ \ \ \ \ \ 2\ \ .\ \ \ 6\ \ \ \ \ \ 5\ \ \ \ \ \ 2)_8$$

　　得：(11101010.11010101)$_2$ = (352.652)$_8$

　　【例 2-6】将八进制数(654.743)$_8$转换成二进制数。

$$(\quad 6 \quad\quad 5 \quad\quad 4 \quad . \quad 7 \quad\quad 4 \quad\quad 3 \quad)_8$$
$$\downarrow \quad\quad \downarrow \quad\quad \downarrow \quad\quad \downarrow \quad\quad \downarrow \quad\quad \downarrow$$
$$(\quad 110 \quad 101 \quad 100 \quad . \quad 111 \quad 100 \quad 011 \quad)_2$$

得：$(654.743)_8 = (110101100.111100011)_2$

（2）二进制、十六进制数之间的转换。

由于十六进制的 1 位数相当于二进制的 4 位数，因此二进制同十六进制之间的转换就如同二进制同八进制之间的转换一样，只是 4 位一组，不足补零。

【例 2-7】将二进制数（1011110101011.1111011）$_2$ 转换成十六进制数。

$$(\quad 0001 \quad\quad 0111 \quad\quad 1010 \quad\quad 1011. \quad\quad 1111 \quad\quad 0110 \quad)_2$$
$$\downarrow \quad\quad\quad \downarrow \quad\quad\quad \downarrow \quad\quad\quad \downarrow \quad\quad\quad \downarrow \quad\quad\quad \downarrow$$
$$(\quad 1 \quad\quad\quad 7 \quad\quad\quad A \quad\quad\quad B. \quad\quad\quad F \quad\quad\quad 6 \quad)_{16}$$

得：$(1011110101011.1111011)_2 = (17AB.F6)_{16}$

【例 2-8】把十六进制数(E8FB)$_{16}$转换成二进制数。

$$(\quad E \quad\quad\quad 8 \quad\quad\quad F \quad\quad\quad B \quad)_{16}$$
$$\downarrow \quad\quad\quad \downarrow \quad\quad\quad \downarrow \quad\quad\quad \downarrow$$
$$(\quad 1110 \quad\quad 1000 \quad\quad 1111 \quad\quad 1011 \quad)_2$$

得：$(E8FB)_{16} = (1110100011111011)_2$

总之，数在计算机中是用二进制表示的，但是，二进制数书写起来太冗长，容易出错，而且目前大部分微型机的字长是 4 位、8 位、16 位、32 位和 64 位的，都是 4 的整数倍，故在书写时可用十六进制表示。一个字节（8 位）可用两位十六位进制数表示，两个字节（16 位）可用 4 位十六进制表示等，书写方便且不容易出错。

2.3 常见的编码规则

信息在计算机上是用二进制表示的，这种表示法人们理解起来就很困难。数字化信息编码就是把少量二进制符号（代码）根据一定规则组合起来，以表示大量复杂多样的信息的一种编码。一般来说，根据描述信息的不同，可分为数字编码、字符编码、汉字编码等。

1．数字编码

数字编码中最简单最常用的是 8421 码，或称 BCD 码（Binary-Code-Decimal），它是指利用 4 位二进制代码来表示 1 位十进制数的一种编码。这 4 位二进制代码，从高位至低位的位权分别为 2^3、2^2、2^1、2^0，即 8、4、2、1。

下面列出十进制数符与 8421 码的对应关系，如表 2-3 所示。

表 2-3　十进制数符与 8421 码的对应表

十进制数	0	1	2	3	4	5	6	7	8	9
8421 码	0000	0001	0010	0011	0100	0101	0110	0111	1000	1001

根据这种对应关系，任何十进制数都可以同 8421 码进行转换。

如：$(1001\ 0010\ 0100\ 0110)_2 = (9246)_{10}$　　$(63)_{10} = (0110\ 0011)_{BCD}$

2．字符编码

字符编码是指把数字、符号和文字等信息利用二进制数来表示的一种编码方式。ASCII

码（American Standard Code of Information Interchange）是"美国标准信息交换代码"的缩写。该种编码后来被国际标准化组织 ISO 采纳，作为国际通用的字符信息编码方案。ASCII 码用 7 位二进制数的不同编码来表示 128 个不同的字符（因 2^7=128），它包含十进制数符 0～9、大小写英文字母及专用符号等 95 种可打印字符，还有 33 种通用控制字符（如回车、换行等），共 128 个。ASCII 码表如表 2-4 所示，如 A 的 ASCII 码为 1000001。ASCII 码中，每一个编码转换为十进制数的值被称为该字符的 ASCII 码值，所以 A 的 ASCII 码值为 65。

微课：字符编码

表 2-4　ASCII 表

b₄b₃b₂b₁ \ b₇b₆b₅	000	001	010	011	100	101	110	111
0000	NUL	DLE	SP	0	@	P	`	p
0001	SOH	DC	!	1	A	Q	a	q
0010	STX	DC	"	2	B	R	b	r
0011	ETX	DC	#	3	C	S	c	s
0100	EOT	DC	$	4	D	T	d	t
0101	ENQ	NAK	%	5	E	U	e	u
0110	ACK	SYN	&	6	F	V	f	v
0111	BEL	ETB	'	7	G	W	g	w
1000	BS	CAN	(	8	H	X	h	x
1001	HT	EM	)	9	I	Y	i	y
1010	LF	SUB	*	:	J	Z	j	z
1011	VT	ESC	+	;	K	[	k	{
1100	FF	FS	,	<	L	\	l	|
1101	CR	GS	—	=	M	]	m	}
1110	SO	RS	.	>	M	^	n	~
1111	SI	US	/	?	O	_	o	DEL

3. 汉字编码

计算机中汉字的表示也是用二进制编码，同样是人为编码的。根据应用目的的不同，汉字编码分为外码、国标码、机内码和字形码等。

（1）外码（输入码）。

外码也叫输入码，是用来将汉字输入到计算机中的一组键盘符号。常用的输入码有拼音码、五笔字型码、自然码、表形码、认知码、区位码和电报码等，一种好的编码应有编码规则简单、易学好记、操作方便、重码率低、输入速度快等优点，每个人可根据自己的需要进行选择。

（2）国标码（交换码）。

1981 年我国制定了《中华人民共和国国家标准信息交换汉字编码》（GB 2312-80 标准），这种编码称为国标码。在国标码字符集里共收录了汉字和图形符号 7445 个，其中一级汉字 3755

个，二级汉字 3008 个，西文和图形符号 682 个。

国标 GB 2312-80 规定，所有的国标汉字与符号组成一个 94×94 的矩阵。在此方阵中，每一行称为一个区（区号分别为 01~94）、每个区内有 94 个位（位号分别为 01~94）的汉字字符集。

汉字与符号在方阵中的分布情况如下：

1~15 区为图形符号区；

16~55 区为常用的一级汉字区；

56~87 区为不常用的二级汉字区；

88~94 区为自定义汉字区。

（3）机内码。

根据国标码的规定，每一个汉字都有了确定的二进制代码，在微机内部汉字代码都用机内码，在磁盘上记录汉字代码也使用机内码。

（4）汉字的字形码。

字形码是汉字的输出码，输出汉字时都采用图形方式，无论汉字的笔画多少，每个汉字都可以写在同样大小的方块中。通常用 16×16 点阵来显示汉字。如图 2-1 所示是一个 16×16 点阵的汉字"中"，用"1"表示黑点、"0"表示白点，则黑白信息就可以用二进制数来表示。每一个点用一位二进制数来表示，则一个 16×16 的汉字字模要用 32 个字节来存储。国标码中的 6763 个汉字及符号码要用 261 696 字节存储。以这种形式存储所有汉字字形信息的集合称为汉字字库。可以看出，随着点阵的增大，所需存储容量也很快变大，其字形质量也越好，但成本也越高。目前汉字信息处理系统中，屏幕显示一般用 16×16 点阵，打印输出时采用 32×32 点阵，在质量要较高时可以采用更高的点阵。

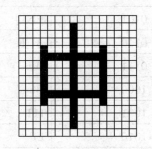

图 2-1 16×16 汉字点阵"中"

（5）汉字地址码。

汉字地址码是指汉字库中存储汉字字形信息的逻辑地址码。它与汉字内码有着简单的对应关系，以简化内码到地址码的转换。

任务实施

通过本任务的学习，小张同学已经学会了各进制之间的转换规则，现在他要解答以下几个进制转换的问题。

（1）$(65.25)_{10}=($　　　　　　　　$)_2$

（2）$(1101101.01)_2=($　　　　　　　　$)_{10}$

（3）$(64.5)_8=($　　　　　　　　$)_2$

（4）$(E5A.B4)_{16}=($　　　　　　　　$)_2$

（5）$(1101101101.101)_2=($　　　　　　　　$)_8$

（6）$(101101010101.11011)_2=($　　　　　　　　$)_{16}$

解答过程如下。

（1）$(67.25)_{10}=($　　　　　　　　$)_2$

整数部分：

```
        2 │ 67
          2 │ 33      余 1
            2 │ 16    余 1
              2 │ 8   余 0
                2 │ 4 余 0
                  2 │ 2 余 0
                    2 │ 1 余 0
                      0 余 1
```
取整数部分

得：$(67)_{10}=(1000011)_2$

小数部分：

$0.25×2=0.5$ 0

$0.5×2=1.0$ 1

得：$(0.25)_{10}=(0.01)_2$

最终结果： $(67.25)_{10}=(1000011.01)_2$

（2）$(1101101.01)_2=($ $)_{10}$

$(1101101.01)_2=1×2^6+1×2^5+0×2^4+1×2^3+1×2^2+0×2^1+1×2^0+0×2^{-1}+1×2^{-24}$

$=64+32+8+4+1+0.25$

$=(109.25)_{10}$

最终结果： $(1101101.01)_2=(\mathbf{109.25})_{10}$

（3）$(64.5)_8=($ $)_2$

(6   4   .   5   )$_8$

↓   ↓   ↓

(110   100   .   101   )$_2$

最终结果： $(64.5)_8=(110100.101)_2$

（4）$(E5A.B4)_{16}=($ $)_2$

(E   5   A   .   B   4)$_{16}$

↓   ↓   ↓   ↓   ↓

(1110   0101 1010 . 1011   0100)$_2$

最终结果： $(E5A.B4)_{16}=(111001011010.10110100)_2$

（5）$(1101101101.101)_2=($ $)_8$

(001   101   101   101   .   101)$_2$

↓   ↓   ↓   ↓   ↓

(1   5   5   5   .   5   )$_8$

最终结果： $(1101101101.101)_2=(1555.5)_8$

（6）$(101101010101.11011)_2=($ $)_{16}$

(1011   0101   0101   .   1101   1000)$_2$

↓   ↓   ↓   ↓   ↓

(B   5   5   .   D   8)$_{16}$

最终结果：(101101010101.11011)₂=(B55.D8)₁₆

课后练习

答案：任务 2 课后练习

一、填空题

1. 十进制数 153 转换成二进制数是_____。

2. 数字字符 2 的 ASCII 码为十进制数 50，数字字符 5 的 ASCII 码为十进制数_____。

3. 十六进制数 2A3C 转换成十进制数是_____。

4. 八进制数 413 转换成十进制数是_____。

5. 二进制数 1111100 转换成十进制数是_____。

6. 二进制数 111010011 转换成十六进制数是_____。

二、单项选择题

1. 下列数据中，有可能是八进制数的是（　　　）。

    A. 488　　　　　B. 317　　　　　C. 597　　　　　D. 189

2. 下面几个不同进制的数中，最大的数是（　　　）。

    A. 二进制数 11000010　　　　　B. 八进制数 225

    C. 十进制数 500　　　　　D. 十六制数 1FE

3. 按对应的 ASCII 码比较，下列正确的是（　　　）。

    A. "A" 比 "B" 大　　　　　B. "f" 比 "Q" 大

    C. 空格比逗号大　　　　　D. "H" 比 "R" 大

4. 已知英文小写字母 a 的 ASCII 码为十六进制数 61H，则英文小写字母 d 的 ASCII 码为（　　　）。

    A. 34H　　　　　B. 54H　　　　　C. 64H　　　　　D. 24H

5. 十六进制数 10AC 转换成二进制数是（　　　）。

    A. 1101110101110　B. 1010010101001　C. 1000010101100　D. 1011010101100

6. 微机中 1KB 表示的二进制位数是（　　　）。

    A. 1000　　　　　B. 8×1000　　　　　C. 1024　　　　　D. 8×1024

7. 下列字符中，ASCII 码值最大的是（　　　）。

    A. 9　　　　　B. D　　　　　C. a　　　　　D. y

任务 3　了解多媒体技术

任务描述

小明同学最近刚购入了一台计算机，他的朋友通过 QQ 离线方式传递给他一个用 WinRAR 压缩软件压缩过的 FLV 视频文件，小明现在想要配置一下自己的计算机，以便能够顺利播放该视频软件。

相关知识

多媒体计算机由硬件和软件设备组成，用户可以通过多媒体计算机同时接触到各种各样的媒体来源，体验到令人印象深刻的视听效果。本任务将重点介绍多媒体技术的相关知识。

3.1　多媒体的定义

多媒体（Multimedia）是多种媒体的综合，一般包括文本、声音和图像等多种媒体形式。在计算机系统中，多媒体指组合两种或两种以上媒体的一种人机交互式信息交流和传播媒体。

微课：多媒体系统组成

一般来说，多媒体包括视觉和听觉媒体，在视觉媒体上，包括文字、图形、图像和动画等媒体，在听觉媒体上，则包括语言、立体声响和音乐等媒体。

1．文字

文字是人与计算机之间进行信息交换的主要媒体，在计算机中使用不同的二进制编码来代表不同的文字。文本是各种文字的集合，是人和计算机交互作用的主要形式，是计算机文字处理程序的基础，也是多媒体应用程序的基础。相对于图像而言，文本媒体的数据量要小得多。常用的文本文件的格式有 TXT、RTF 以及 Word 格式的 DOC、DOT 文件。

2．图形、图像

图形文件基本上可以分为两大类：位图和向量图。位图图像是在空间和亮度上已经离散化的图像，可以把一幅位图图像看成一个矩阵，矩阵中的任一元素对应于图像的一个点，而相应的值对应于该点的灰度等级。图形文件是一组描述点，线，面等几何图形的大小、形状、位置、维数等其他属性的指令集合，通过读取指令可以将其转换为屏幕上显示的图像。由于大多数情况下不需要对图形上的每一个点进行量化保存，所以，图形文件比图像文件数据量小很多。另外，为了适应不同应用的需要，图像可以以多种格式进行存储。例如，Windows 中的图像以 BMP 或 DIB 格式存储。另外还有很多图像文件格式，如 PCX、JPG、GIF、TGA 和 PIC 等。不同格式的图像可以通过工具软件来转换。

3．音频

音频通常也称"音频信号"或"声音"，除语音、音乐外，还包括各种音响效果。音频属于听觉媒体，将音频信号集成到多媒体中，可提供其他任何媒体不能取代的效果，从而烘托气氛、增强感染力。常用的音频文件格式有 WAV、MID 和 MP3 等。

4．动画、视频

人眼视觉具有暂留功能，在亮度信号消失后亮度感觉仍可保持 $1/20s \sim 1/10s$。利用人眼的这种视觉惰性，在时间轴上，每隔一段时间在屏幕上展现一幅有上下关联的图形、图像，就形成了动态图像。任何动态图像都是由多幅连续的图像序列构成的，序列中的每幅图像称为一帧，如果每一帧图像是由人工或计算机生成的图形时，称为动画；若每帧图像为计算机产生的具有真实感的图像时，称为三维真实感动画；当图像是实时获取的自然景物图像时就称为动态影像视频，简称视频。

目前，在多媒体应用中使用的动画文件格式主要有 GIF、AVI、SWF 等，常用的视频文件格式主要有 AVI、MOV、MPG 和 DAT 文件等。

3.2　多媒体系统的组成

多媒体系统具有强大的数据处理能力与数字化媒体设备整合能力，能处理文字、图形、图像、声音和视频等多种媒体信息，并提供多媒体信息的输入、编辑、存储和播放等功能。一个完整的多媒体计算机系统包括硬件平台和软件平台。

3.2.1 多媒体系统的硬件平台

普通的计算机硬件，是多媒体系统的基础，这里主要指的是多媒体个人计算机（Multimedia Personal Computer，MPC），即具有了多媒体处理功能的个人计算机，它的硬件结构与一般所用的个人机并无太大的差别，只是多了一些软硬件配置。用户可以通过两种途径拥有 MPC，一是直接够买具有多媒体功能的 PC 机；二是在基本的 PC 机上增加多媒体套件而构成 MPC。目前，对计算机厂商和开发人员来说，MPC 已经成为一种必须具有的技术规范。

MPC 除了配置有功能强大、速度快的中央处理器（CPU），大容量的存储器，高分辨率的显示器和各种可管理、控制各种接口的设备外，能扩充的配置还可能包括如下几个方面。

光盘驱动器：包括可重写光盘驱动器、CD-ROM 驱动器和 WORM 光盘驱动器。

音频卡：在音频卡上连接的音频输入输出设备包括扬声器、MIDI 合成器、音频播放设备、耳机、话筒等。

图形加速卡：带有图形用户接口 GUI 加速器的局部总线显示适配器使得 Windows 的显示速度大大加快。

视频卡：其功能是连接摄像机、VCR 影碟机、TV 等设备，以便获取、处理和表现各种动画和数字化视频媒体。

打印机接口：用来连接各种打印机，包括普通打印机、激光打印机、彩色打印机等。

扫描卡：用来连接各种图形扫描仪，以扫描常用的静态照片、文字、工程图等。

交互控制接口：用来连接触摸屏、鼠标、光笔等人机交互设备。

网络接口：是实现多媒体通信的重要 MPC 扩充部件。计算机和通信技术相结合需要专门的多媒体外部设备将数据量庞大的多媒体信息传送出去或接收进来，通过网络接口相接的设备包括视频电话机、传真机、LAN 和 ISDN 等。

3.2.2 多媒体系统的软件平台

包括多媒体操作系统、创作系统和应用系统。多媒体操作系统的主要任务是支持随时移动或扫描窗口条件下的运动和静止图像的处理和显示，为相关的语音和视频数据的同步提供需要的适时任务调度，支持标准化桌面型计算机环境，使主机 CPU 的开销减到最小，能够在多种硬件和操作系统环境下执行。创作系统，包括开发工具，具有编辑、播放等功能。应用系统，即利用创作系统制作出的多媒体信息。

3.3 多媒体技术的特点

多媒体技术是指以计算机为核心，交互地综合处理多种媒体信息，并通过计算机进行有效控制，使这些信息建立逻辑连接，以表现出更加丰富、更加复杂信息的信息技术和方法。

多媒体技术有以下几个主要特点。

1．集成性

集成性是指能够对信息进行多通道统一获取、存储、组织与合成，主要表现在两个方面，即多种信息媒体的集成和处理这些媒体设备的集成。

2．可控性

可控性体现在其友好的界面技术上，可以充分增强和改善人机界面功能，使其按人的要求以多种媒体形式表现出来，同时作用于人的多种感官。

3．交互性

交互性是指用户可以与计算机的多种信息媒体进行交互操作，从而为用户提供更加有效的控制和使用信息的手段。传统信息交流媒体只能单向地、被动地传播信息，而多媒体技术则可以实现人对信息的主动选择和控制。

4．数字化

数字化是多媒体技术发展的基础所在，从技术实现的角度看，多媒体技术是通过把各种媒体信息数字化，使其融合在统一的多媒体计算机平台上，从而解决多媒体数据类型繁多、数据类型之间差别大的问题，这也是多媒体技术唯一可行的方法。

5．非线性

非线性是借助超文本链接（Hyper Text Link）的方法，把内容以一种更灵活、更具变化的方式呈现给读者，从而改变人们传统循序性的读写模式。

除了上述 5 个主要特点外，多媒体技术还具有实时性，信息使用的方便性和动态性等特点。

3.4 多媒体的关键技术

1．数据压缩和解压技术

数字化的图像、声音等媒体数据量非常大，如果不经过数据压缩，实时处理数字化的较长的声音和多帧图像信息所需要的存储容量、传输率和计算速度都是目前 PC 机难以达到的和不经济实用的。目前的研究结果表明，选用合适的数据压缩技术，有可能将字符数据量压缩到原来的 1/2 左右，语音数据量压缩到原来的 1/2～1/10，图像数据量压缩到原来的 1/2～1/60。因此数据压缩技术是多媒体技术的关键技术之一，数据压缩技术的发展大大推动了多媒体技术的发展。

2．图形图像处理技术

图形图像的处理技术是多媒体技术的关键，它决定了多媒体在众多领域中应用的成效和影响。此技术是指利用计算机对图形图像进行处理，使其更适合于人眼或仪器分辨，并获取其中的信息，具体地说，它包括图像获取、存储、显示和处理。由于计算机存储和处理的图形与图像信息都是数字化的，因此，无论以什么方式来获取图形图像信息，最终都要转换为二进制数代码表示的离散数据的集合，即数字图像信息。

近年来，随着计算机硬件技术的飞速发展和更新，计算机处理图形图像的能力也大大增强。我们可以轻易地使用 Photoshop、CorelDRAW、3ds MAX 等软件制作出精美的图片或是逼真的三维图像和动画。

3．数字音频、视频技术

多媒体技术中的数字音频技术包括声音采集、回放、识别和合成技术。这些技术都是通过计算机上的声卡实现的，声卡具有将模拟的声音信号数字化的功能。数字视频技术和数字音频技术相似，只是视频的带宽更高，大于 6MHz，而音频的带宽只有 20kHz。数字视频技术一般包括视频采集回放、视频编辑和三维动画视频制作。

视频信号的数字化过程与音频信号的数字化原理是一样的，它也要通过采集、量化、编码等必经步骤。但由于视频信号本身的复杂性，它在数字化的过程又同音频信号有一些差别。如视频信息的扫描过程中要充分考虑视频信号的采样结构、色彩、亮度的采样频率等。

4．多媒体通信技术

多媒体通信技术突破了计算机、通信、广播和出版的界限，使它们融为一体，利用通信网络综合性地完成文本、图片、动画、音频、视频等多媒体信息的传输和交换。

5．虚拟现实技术

虚拟现实技术是一门综合技术，是多媒体技术发展的最高境界。虚拟现实技术是一种完全沉浸式的人机交互界面，用户处在计算机产生的虚拟世界中，无论是看到的、听到的，还是感觉到的，都像在真实的世界一样，并可以通过输入和输出设备同虚拟现实环境进行交互。

3.5　多媒体技术的应用

目前，多媒体技术在网络通信、教育培训、产品展示、广告宣传和娱乐游戏等方面都得到了广泛应用，它正在改变着人类的学习、工作方法和生活方式。

1．多媒体通信

这是一种能使文字、声音、图像、影视等信息同步传输的多媒体通信技术，例如：可视电话、视频会议、远程医疗、远程教育、网上购物等。它增强了人与人之间的交流，给人们的生活、工作和学习带来了极大的方便。

2．教育教学

计算机辅助教学软件（Computer Assisted Instruction，CAI）是教师授课的好助手，是指综合运用文字、声音、图像、动画等多媒体展示功能，使课堂教学变得形象直观、生动活泼。

3．电子出版物

电子出版物图文并茂、有声有色、信息量巨大，具有检索方便、成本低廉、便于保存、售价便宜等优点。一般使用 CD-ROM 光盘、互联网作为载体，一张光盘可以存储过去数十年"人民日报"的全部内容。

4．家庭娱乐

使用多媒体计算机，可玩游戏、听音乐、看电影、唱卡拉 OK 等，也可以自己制作演示文稿、配乐诗朗诵、个人网站等多媒体作品。多媒体技术使普通的计算机变成了一个多功能的交互式娱乐平台。

微课：任务实施

任务实施

由于小明同学的计算机是刚购买的，一些常见的应用软件还未安装，因此如果要想观看他朋友发给他的 FLV 视频文件，首先要对计算机进行相关的软件配置，具体操作如下。

（1）打开百度搜索页面，在搜索栏中输入"QQ 下载"，选择官方版的 QQ 软件进行下载并安装。

（2）安装完成后，打开 QQ 软件，然后用自己之前申请的 QQ 号登录。此时会跳出他朋友发送的离线文件的窗口，单击"另存为"，将名称为"FLV 视频"的离线文件另存到 D 盘上。

（3）再次打开百度搜索页面，在搜索栏中输入"WinRAR 下载"，选择官方版的 WinRAR 软件进行下载并安装。

（4）打开 D 盘，右键单击"FLV 视频"文件，在弹出的菜单中选择"解压到当前文件夹"命令，即可将压缩的 FLV 视频解压释放到 D 盘。

（5）此时发现解压后的 FLV 视频还是无法播放，其原因是计算机上没有 FLV 视频播放器，这时就需要安装一个能够播放 FLV 视频的播放器（如百度影音）。其操作方法同样是在百度搜索页面上输入"百度影音"，然后选择官方版进行下载并安装。

（6）安装完成后，桌面上会出现"百度影音"的图标，双击打开后，只要将 D 盘解压后的"FLV 视频"文件拖放到百度影音的播放窗口中，即可播放该视频文件。

答案：任务 3 课后练习

课后练习

一、单项选择题

1. 如果想把一幅图片送入计算机，可以使用的输入设备是（　　　）。
   A. 鼠标　　　　　B. 扫描仪　　　　　C. 键盘　　　　　D. 数字化仪
2. 多媒体个人计算机的英文缩写是（　　　）。
   A. VCD　　　　　B. APC　　　　　C. MPC　　　　　D. MPEG
3. 多媒体 PC 是指（　　　）。
   A. 能处理声音的计算机　　　　　　　B. 能处理图像的计算机
   C. 能进行通信处理的计算机
   D. 能进行文本、声音、图像等多媒体处理的计算机
4. 多媒体技术发展的基础是（　　　）。
   A. 数据库与操作系统的结合
   B. 通信技术、数字化技术和计算机技术的结合
   C. CPU 的发展　　　　　　　　　　D. 通信技术的发展
5. 下列项中，不属于多媒体功能卡的是（　　　）。
   A. IC 卡　　　　　B. 视频卡　　　　　C. 声卡　　　　　D. 网卡
6. 下面（　　　）不是多媒体计算机必需的。
   A. 显卡　　　　　B. 网卡　　　　　C. 声卡　　　　　D. 数码相机

二、问答题

1. 请简述多媒体系统的组成。
2. 多媒体技术主要有哪些特点？
3. 多媒体关键技术主要包括哪些？

小结

本章主要介绍了计算机相关的基础知识。其中任务 1 介绍了计算机的诞生与发展史，计算机的特点、分类、应用领域以及计算机的软硬件系统；任务 2 介绍了计算机中信息的表示和存储方式，重点介绍了数制的概念以及各种不同进制间的转换规则；任务 3 介绍了多媒体的相关技术，包括多媒体的概念，多媒体系统的组成，多媒体技术的特点、关键技术以及应用领域。

Chapter 2

第 2 章
Windows 7 操作系统

Microsoft Windows 是美国微软公司研发的一套操作系统，它问世于 1985 年，起初仅仅是 Microsoft DOS 模拟环境，随着计算机硬件和软件的不断升级，Windows 也在不断升级，架构从 16 位、32 位再到 64 位，系统版本从最初的 Windows 1.0 到大家熟知的 Windows 95、Windows 98、Windows Me、Windows 2000、Windows 2003、Windows XP、Windows Vista、Windows 7、Windows 8、Windows 8.1、Windows 10 和 Windows Server 服务器企业级操作系统，不断持续更新，微软公司一直在致力于 Windows 操作系统的开发和完善。

本章学习目标：

- 掌握操作系统的基本知识，能够进行 Windows 7 操作系统的基本设置
- 了解文件和文件夹的概念，能掌握文件和文件夹的基本设置
- 了解输入法的基本概念与设置，能熟练地进行文字录入

任务 4　定制 Windows 7 工作环境

任务描述

公司为新职员小刘配置了一台计算机，已经安装了 Windows 7 操作系统，由于小刘对新系统不熟悉，所以他准备熟悉系统界面，掌握启动和退出应用程序的方法，同时为了更好地使用系统，小刘还需要对系统主要功能进行重新配置。具体应进行如下操作。

（1）启动 Windows 7。

（2）退出 Windows 7。

（3）了解 Windows 7 主要功能。

相关知识

4.1　操作系统概述

4.1.1　操作系统的概念

操作系统（Operating System，OS）是用户和计算机的接口，同时也是计算机硬件和其他软件的接口；是管理和控制硬件与软件资源的计算机程序，同时也是计算机系统的内核与基石，任何其他软件都必须在操作系统的支持下才能运行。操作系统与硬件、软件和用户之间的关系如图 4-1 所示。

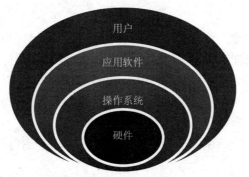

图 4-1 操作系统与用户及软、硬件之间的关系图

4.1.2 操作系统的功能

操作系统的功能包括管理计算机系统的硬件、软件及数据资源，控制程序运行，改善人机界面，为其他应用软件提供支持，让计算机系统所有资源最大限度地发挥作用，提供各种形式的用户界面，使用户有一个良好的工作环境，为其他软件的开发提供必要的服务和相应的接口等。由于操作系统是对计算机系统进行管理、控制、协调的程序的集合，我们按这些程序所要管理的资源来确定操作系统的功能，共分为以下 8 个部分。

1．处理机管理

处理机是计算机中的核心资源，如何对处理机的时间进行分配，对不同程序的运行进行记录和调度，实现用户和程序之间的相互联系，解决不同程序在运行时相互发生的冲突等都是处理机管理要关心的问题。处理机管理的目的就是要合理地安排时间，以保证多个作业能顺利完成并且尽量提高 CPU 的效率，使用户等待的时间最少。它的管理方法决定了整个系统的运行能力和质量，代表着操作系统设计者的设计观念，操作系统对处理机管理的策略不同，提供的作业处理方式也就不同，例如有批处理方式、分时处理方式和实时处理方式。

2．存储器管理

存储器用来存放用户的程序和数据，存储器越大，存放的数据越多，但不断扩大的存储容量，还是无法跟上用户对存储容量的需求，在多用户或者程序共用一个存储器的时候，自然而然会带来许多管理上的问题。存储管理的主要工作是对内存储器进行合理分配、有效保护和扩充，以最合适的方案为不同的用户和不同的任务划分出分离的存储器区域，保障各存储器区域不受别的程序的干扰；在主存储器区域不够大的情况下，使用硬盘等其他辅助存储器来替代主存储器的空间，自行对存储器空间进行整理等。

3．设备管理

设备管理是指负责管理各类外围设备（简称外设），包括分配、启动和故障处理等。主要任务是：当用户程序要使用外部设备时，设备管理控制（或调用）驱动程序使外部设备工作，并随时对该设备进行监控，处理外部设备的中断请求等。

4．文件管理

以上三种管理都是针对计算机的硬件资源的管理，文件系统管理则是对软件资源的管理。在操作系统中，将负责存取的管理信息的部分称为文件系统。为了管理庞大的系统软件资源及用户提供的程序和数据，操作系统将它们组织成文件的形式，文件管理支持文件的存储、检索和修改等操作以及文件的保护功能。操作系统一般都提供功能较强的文件系统，有的还提供数据库系统来实现信息的管理工作。

5．作业管理

作业管理包括作业的输入和输出，作业的调度与控制。当用户开始与计算机打交道时，第一个接触的就是作业管理部分，用户通过作业管理所提供的界面对计算机进行操作。因此作业管理担负着两方面的工作：一是向计算机通知用户的到来，对用户要求计算机完成的任务进行记录和安排，二是向用户提供操作计算机的界面和对应的提示信息，接受用户输入的程序、数据及要求，同时将计算机运行的结果反馈给用户。

除了以上五大管理以外，操作系统还必须实现下面的一些标准的技术处理。

1．标准输入/输出

操作系统提供了将用户指定设备的名称与具体的设备进行连接，然后自动地从标准输入设备上读取信息再将结果输出到标准输出设备上的功能。

2．中断处理

在系统的运行过程中可能发生各种各样的异常情况，中断处理功能针对可预见的异常配备好了中断处理程序及调用路径，当中断发生时暂停正在运行的程序而转去处理中断处理程序，它可对当前程序的现场进行保护、执行中断处理程序逻辑，在返回当前程序之前进行现场恢复直到当前程序再次运行。

3．错误处理

错误处理功能首先将可能出现的错误进行分类，并配备对应错误处理程序，一旦错误发生，它就自动实现自己的纠错功能。操作系统的错误处理功能既要保证错误不影响整个系统的运行，也就是保证系统的稳固性，又要向用户提示发现错误的信息。

4.1.3　操作系统的种类

操作系统的种类相当多，各种设备安装的操作系统可从简单到复杂，很难用单一标准统一分类，如图 4-2 所示。下面介绍几种主要类型的操作系统。

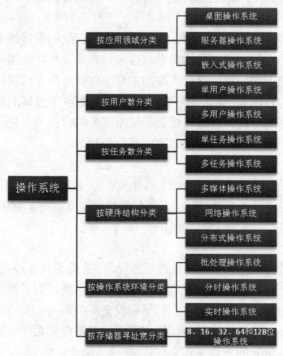

图 4-2　操作系统的分类

1．批处理操作系统

首先，用户提交作业后并在获得结果之前不会再与操作系统进行数据交互，用户提交的作业由系统外存储存为后备作业；数据是成批处理的，由操作系统负责作业的自动完成；支持多道程序运行。批处理系统的特点是：**多道和成批处理**。

2．分时操作系统

首先交互性方面，用户可以在程序动态运行时对其加以控制；支持多个用户登录终端，并且每个用户共享 CPU 和其他系统资源。分时操作系统的特点是：**多路性、交互性、独占性和及时性**。

3．实时操作系统

实时操作系统是指使计算机能及时响应外部事件的请求，在规定的严格时间内完成对该事件的处理，并控制所有实时设备和实时任务协调一致工作的操作系统。实时操作系统要追求的目标是：对外部请求在严格时间范围内做出反应，有高可靠性和完整性。实时操作系统特点是：**高可靠性和完整性**。

4．网络操作系统

网络操作系统是基于计算机网络的，是在各种计算机操作系统上按网络体系结构协议标准开发的软件，包括网络管理、通信、安全、资源共享和各种网络应用。其目标是相互通信及资源共享。网络操作系统的特点是：**多用户多任务**。

5．分布式操作系统

大量的计算机通过网络被连接在一起，可以获得极高的运算能力及广泛的数据共享，这种系统被称作分布式系统。

6．嵌入式操作系统

嵌入式操作系统是运行在嵌入式系统环境中，对整个嵌入式系统以及它所操作和控制的各种部件装置等资源进行统一协调、调度、指挥和控制的系统软件。并使整个系统能高效地运行。

7．个人计算机操作系统

个人计算机操作系统是一种单用户多任务的操作系统，采用图形界面人机交互的工作方式，界面友好，使用方便，主要供个人使用，功能强，价格便宜，能满足一般人操作、学习、游戏等方面的需求。

提起计算机操作系统，我们第一时间想到的可能就是微软的 Windows 操作系统，除去 Windows 之外，UNIX、Mac、Linux 也都是不错的操作系统，如图 4-3 所示。

Windows　　　　Mac　　　　Linux　　　　UNIX

图 4-3　四大操作系统

（1）Windows

Windows 是全球使用人数最多的操作系统，被广泛应用于人们日常工作与生活的各个领域，因为用户基础巨大，所以可以使用的软件也是最多的，这是其最大的优点。但是巨大的用户基础也给 Windows 系统带来隐患，绝大多数的木马、计算机病毒、恶意软件，都是瞄准

Windows 用户下手，所以用户使用 Windows 系统感染计算机病毒的风险也比较大。

（2）Mac（OS）

Mac 系统是苹果公司基于 UNIX 操作系统进行深度再开发的操作系统，完全闭源，只能运行在苹果公司的计算机上，是苹果产品专属系统，由苹果公司自行开发。优点是界面美观，操作简便，也不需要额外购买；缺点是通常只能运行于苹果电脑，同时因为苹果电脑售价高昂，Mac 的用户相对较少。如今苹果机的操作系统已经到了 OS 10，代号为 Mac OS X（X 为 10 的罗马数字写法）。该系统的许多特点和服务都体现了苹果公司简洁的理念。

（3）Linux

Linux 是一套免费使用和自由传播的类 UNIX 操作系统，是一个基于 POSIX 和 UNIX 的多用户、多任务、支持多线程和多 CPU 的操作系统。它能运行主要的 UNIX 工具软件、应用程序和网络协议。它支持 32 位和 64 位硬件。Android 系统就是基于 Linux 而开发出来的。因开源的特性，系统的漏洞更容易被发现，也更容易被修补。此外，因为 Linux 原本的人机交互界面是命令行，用户如果不熟知 Linux 命令，几乎完全无法使用这个系统。因为过于专业，Linux 常被用作各种服务器操作系统。

（4）UNIX

UNIX 操作系统是一个强大的多用户、多任务操作系统，支持多种处理器架构，属于分时操作系统，最早由 Ken Thompson、Dennis Ritchie 和 Douglas McIlroy 于 1969 年在 AT&T 的贝尔实验室开发。目前它的商标权由国际开放标准组织所拥有，只有符合单一 UNIX 规范的 UNIX 系统才能使用 UNIX 这个名称，否则只能称为类 UNIX（UNIX-like）。

UNIX 发展到现在已趋于成熟，需要大量专业知识才能操作，此外，UNIX 系统具有强大的可移植性，适合多种硬件平台。UNIX 具有良好的用户界面，程序接口提供了 C 语言和相关库函数及系统调用，命令接口是 SHELL，系统的可操作性很强，你甚至可以不用显示器，取而代知的是非常简易的输出设备，在安全性、稳定性和性能方面都高于 Linux，但是需要专业的硬件平台，门槛较高。

在这些操作系统里，可以说 MAC 是苹果电脑的专用操作系统，它的优点是图形处理功能非常出色，多媒体功能也很好，界面最漂亮，缺点是应用软件远远比不上 Windows 系统的软件丰富。Linux 与 UNIX 是一种通用的操作系统，它们的网络功能非常强大，对内存等硬件的消耗也小，多用于网络服务器中，但是应用较少，驱动也并不是很完善。Windows 系列操作系统的优点是它的易用性，任何人只要经过简单的学习马上就能使用，此外，基于它的应用软件较为丰富，能够满足大多数人的需要，也是大多数人都在使用 Windows 系统的原因。

4.2　Windows 操作系统

2015 年 7 月 29 日 12 点，Windows 10 推送全面开启，Windows 7、Windows 8.1 用户可以直接升级到 Windows 10，用户也可以通过系统升级等方式升级到 Windows 10，Windows 10 的零售版于 2015 年 8 月 30 日开售。Windows 10 的推送，使 Windows 系统又一次成为了人们议论的焦点。下面我们就来介绍一下 Windows 操作系统。

4.2.1　Windows 操作系统发展史

Microsoft Windows 是美国微软公司研发的一套操作系统，系统版本从最初的 Windows 1.0

到大家熟知的 Windows 95、Windows 98、Windows ME、Windows 2000、Windows 2003、Windows XP、Windows Vista、Windows 7、Windows 8、Windows 8.1、Windows 10，不断持续更新和维护。

1. Windows 1.0：基于 MS-DOS 操作系统（1985 年发行）

Windows 1.0 是微软公司第一次对个人计算机操作平台进行用户图形界面的尝试，Windows 1.0 自带了一些简单的应用程序，包括日历、记事本、计算器等，其另外一个显著特点就是允许用户同时执行多个程序，并在各个程序之间进行切换，它用窗口替换了命令提示符，整个操作系统变得更有组织性，屏幕变成了虚拟桌面，一切都非常直观，这对于 DOS 来说是不可想象的，如图 4-4（1）所示。但当时最好的图形界面系统并不是 Windows 1.0，G.E.M 和 Desqview/X 都比它出色，苹果公司为麦金特开发的 GUI 也比它更友好，很多人认为 Windows 1.0 只是一个低劣的产品。1987 年 Windows 1.0 即被新发行的 Windows 2.0 取代。

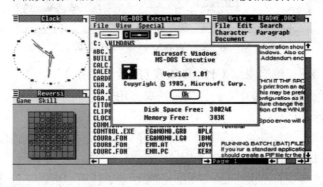

图 4-4（1） Windows 1.0 系统界面

2. Windows 2.0：小幅改进（1987 年 12 月 9 日发布）

Windows 2.0 和 Windows 1.0 类似，都是基于 DOS 的 GUI。Windows 2.0 利用 Intel 286 处理器提高了运行速度，对内存和动态数据交换也提供了更好的支持。它最大的变化是允许应用程序的窗口在另一个窗口之上显示，从而构建出层次感和深度感。用户们还可以将应用程序的快捷方式放在桌面上。同时还引进了全新的键盘快捷键功能。Windows 2.0 的数据改进版 Windows 2.03 更是发掘了 Intel 386 处理器的性能，后继版本在速度和稳定性上也有进一步的提高，为日后统治用户桌面的"Wintel"联盟奠定了基础。

3. Windows 3.0：初具战斗力（1990 年 5 月 22 日发布）

Windows 3.0 继承了 Windows 2.0 对 286、386 处理器的良好支持，并首次让 MS-DOS 程序可以在多任务的基础上运行。此外，Windows 3.0 还改进了文件管理程序，简化了程序启动，控制面板也首次成为了系统设置中心。Windows 3.0 的图形界面变化极大，增加了彩色屏保和 TrupType 字体的支持，让界面变得更加美观，如图 4-4（2）所示。今天我们熟悉的很多 Windows 元素，都可以追溯到 Windows 3.0。

4. Windows 95：Windows 大革命（1995 年 8 月 24 日发布）

Windows 95 是微软公司至今为止影响力最深远、最具革命性的 Windows 系统，让微软的基因深深根植于世界上每一个角落。Windows 95 是微软公司的首个 32 位 Windows 系统，第一次引进了"开始"按钮和任务条，这些元素后来成为了 Windows 系统的标准功能，一直到 Windows 8 才告别历史舞台。另外，Windows 95 还引进了 Microsoft Network，后者是微软公司试水联网服务的处女作，IE 也首次登上历史的舞台。从 Windows 95 开始，微软公司成为了桌面领域的霸主，数十年如一日，直到现在。

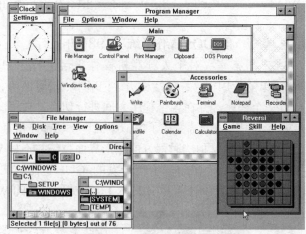

图 4-4（2）　Windows 3.0 系统界面

5．Windows 98：统治家庭（1998 年 6 月 25 日发布）

Windows 98 是微软公司首个专门面向普通家庭用户设计的 Windows 系统，它的娱乐功能超过同时代的任何计算机产品，如图 4-4（3）所示。微软公司重新设计了其文件管理器，增加了快速关机选项，另外还努力简化了驱动程序升级和下载系统补丁的工作，改进了多任务机制，大幅增加了操作系统的实用性。微软公司甚至还增加了对 TV 调频器的支持，对 MMX 指令集的良好支持让其拥有不逊于 DVD 机的视频性能，让用户可以在计算机上看电视。AGP 接口的加入让图形卡成为了游戏玩家的标配。而 USB、DVD-ROM、多声道 5.1 等直到今天仍被广泛使用的元素也首次得到了支持和推广，最值得一提的是附带了整合式 IE 浏览器，标志着操作系统支持互联网的时代到来了。

图 4-4（3）　Windows 98 系统界面

6．Windows 2000/ME：华丽转身（2000 年 2 月 17 日和 9 月 14 日发布）

Windows ME 系统被普遍认为是 Windows 98 系统的继任者，也是最后一个基于 DOS 的操作系统。它增加了家庭联网功能和用于播放数字音乐和编辑视频的软件，如大家耳熟能详的 Media Player、MSN 等。它还承诺会加快系统启动速度，简化技术支持，但是应用程序在它上面运行时，速度反而比在 Windows 98 上运行时还要慢，而且蓝屏频发，因此饱受诟病。

在此前的 Windows 中，一切都离不开 DOS，然而 DOS 本身的设计理念已经大幅落后于时代，微软公司有必要为 Windows 更换一个新的引擎，而 Windows 2000 就使用了 Windows NT 5.0 的核心技术，Windows 2000 更新了资源管理器，使用了 NTFS 文件系统，对各地区的语言有了更加良好的支持，系统被分为用户模式和核心模式，内核的稳定性大大增加。从 Windows 2000 开始，桌面版本的 Windows 系统内核皆为 Windows NT。Windows 搭载着新的引擎向更深远的星河大海迈进。

7．Windows XP：全新统治时代（2001 年 10 月 25 日发布）

Windows XP 的视觉界面较早期版 Windows 发生了颠覆性的改变，尽管其核心功能仍与前辈基本保持一致。Windows XP 是微软公司着重强调联网服务的操作系统。Windows XP 大幅改进了图形界面，Windows NT 的很多特性都得以在重新设计的界面中提供了入口，如驱动程序回滚、系统还原等，ClearType 字体渲染机制的引入让逐渐普及的液晶显示器中的字体更具可读性。从 Windows XP 开始，Windows 系统开始利用 GPU 来加强系统的视觉效果，半透明、阴影等视觉元素开始出现在 Windows 系统中，如图 4-4（4）所示。这也是 Windows XP 远比 Windows 2000 更受欢迎的原因之一。此外，Windows XP 生于新旧时代技术交接的夹缝，软件商和硬件商的跟进让 Windows XP 系统的软硬件兼容问题得到了很大程度的解决，让 Windows XP 成为了一个完美的操作系统——速度快、稳定、兼容性好、美观好用，这也为 Windows XP 的成功创造了有利条件。

图 4-4（4） Windows XP 系统界面

8．Windows Vista：超越时代、生不逢时（2007 年 1 月 30 日发布）

Windows Vista 促使微软公司重新去考量 Windows 系统的某些核心功能。Windows Vista 更换了更先进的 Windows NT 6.0 内核，对硬件的要求远比 XP 高，并首次引入了"Aero"半透明视觉效果，使得整个图形界面变得更加现代化；通过 UAC 系统安全机制来控制系统接口，大大增强了系统安全性。同时，微软公司还改进了一些系统内置应用，包括邮箱、日历、DVD Maker 及图片库等。

Vista 的改进实在是数不胜数，新的雅黑字体、搜索索引的引进、WDM 音频系统的构建、资源管理器的革新、网络管理的智能化、更好的 x64 中的 32 位运行环境等。但由于 UAC 安全机制让不少 Windows 老用户感到极为不适，加之新系统对计算机硬件有较严苛的要求，因此 Vista 没有什么机会向人们展示它的美好。所幸，微软公司的努力并没有白费，一切都在

Windows 7 中得到了回报。

9．Windows 7：无懈可击（2009 年 10 月 22 日发布）

Windows 7 在上一代产品的基础上对界面进行了更多优化，并就用户对 Windows Vista 所提出的问题进行了改善，剔除掉了 Vista 许多臃肿的功能。Windows 7 使用了 Windows NT 6.1 内核，与 Vista 相比，内核方面只做了小幅优化，与 Vista 之间没有很严重的兼容性问题，但却比 Vista 更省资源。从视觉效果来看，Windows 7 在任务栏上首次引入标签功能，即用户可将某一应用"钉"在任务栏，并能通过鼠标悬放预览非激活状态下的应用程序运行情况，如图 4-4（5）所示。

图 4-4（5） Windows 7 系统界面

10．Windows 8：新挑战面前的革命（2012 年 10 月 26 日发布）

Windows 8 操作系统主要面向平板电脑设计，使用 Windows NT 6.2 内核，兼顾传统计算机，支持各种输入设备，包含应用程序商店，全面整合云的技术，提供新的 Internet 体验。它是一次基于 Windows 7 速度和可靠性核心本质的重塑和创新，Windows 从此破茧重生。

在用户界面上，微软公司引入 Metro 界面，Metro 界面灵感来自地铁上的指示牌，强调突出信息本身，它能帮助人们在短时间内快速找到自己所需的信息，它的元素包括 Charms、活动磁贴、开始屏幕、Panorama 风格、Pivot 枢纽等，主要标志是大字体，如图 4-4（6）所示。Metro 正在逐渐成为微软公司全线产品的通用界面，将被用于 Windows、Office 以及 Xbox 游戏主机。这是一次大的变革，将颠覆人们原有工作方式。

图 4-4（6） Windows 8 系统界面

11．Windows 10：统一全设备平台（2015 年 7 月 29 日发布）

2015 年 7 月 29 日 12 点，Windows 10 推送全面开启，从 4 英寸屏幕的"迷你"手机到 80 英寸的巨屏计算机，都将统一采用 Windows 10 这个名称，如图 4-4（7）所示，这些设备将会拥有类似的功能，微软公司正在从小功能到云端整体构建这一统一平台，跨平台共享的通用技术也在开发中。

图 4-4（7） Windows 10 系统界面

根据 StatCounter 的数据显示，Windows 10 正式开放升级三周内已经有超过 2700 万台计算机升级到了 Windows 10 系统，市场份额迅速攀升至 3.78%。

Windows 从 1985 年的 Windows 1.0 到如今的 Windows 10 经历了 30 年的发展时间，其间的变换更迭真是数不胜数，但是时至今日，我们用到的比较人性化和功能全面的操作系统，也是微软公司不断兼顾用户需求不断改进而来的，因此，无论怎样，我们今后仍需要这样拥有强大的技术革新力量的公司提供给我们更多更好的操作系统应用体验。

4.2.2 Windows 7 操作系统的功能

1．Windows 7 的特点

Windows 7 是微软公司开发的新一代具有革命性变化的操作系统，主要特点有以下几个方面。

（1）更加安全：Windows 7 改进了安全和功能合法性，还把数据保护和管理扩展到外围设备。Windows 7 改进了基于角色的计算方案和用户账户管理，在数据保护和加强协作的固有冲突之间搭建沟通桥梁，同时开启企业级的数据保护和权限许可。

（2）更加简单：Windows 7 让搜索和使用信息更加简单，包括本地、网络和互联网搜索功能，直观的用户体验更加高级，并整合自动化应用程序提交和交叉程序数据透明性。

（3）更好的连接：Windows 7 进一步增强了移动工作能力，无论何时、何地、任何设备都能访问数据和应用程序，开启特别的协作体验，扩展了无线连接、管理和安全功能。性能和当前功能以及新兴移动硬件得到了优化，拓展了多设备同步、管理和数据保护功能。最后，Windows 7 还带来了灵活计算基础设施，包括胖、瘦、网络中心模型。

（4）更低的成本：Windows 7 帮助企业优化它们的桌面基础设施，具有无缝操作系统、应用程序和数据移植功能，进一步朝完整的应用程序更新和补丁方面发展。Windows 7 还改进了硬件和软件虚拟化体验，并扩展了 PC 自身的 Windows 帮助和 IT 专业问题解决方案诊断的功能。

2．Windows 7 的安装

Windows 7 安装需要一定的硬件环境，推荐配置如表 4-1 所示。

表 4-1　Windows 7 推荐配置表

配置名称	基本要求	备注
CPU	2.0GHz 及以上	Windows 7 包括 32 位及 64 位两种版本，如果希望安装 64 位版本，则需要支持 64 位运算的 CPU 支持
内存	1G DDR 及以上	最好还是 2G DDR 以上，更好是 4GB（32 位操作系统只能识别大约 3.25GB 的内存）
硬盘	40GB 以上可用空间	因其他软件需要，可能还需多几 GB 空间
显卡	显卡支持 DirectX 9	显卡支持 DirectX 9 就可以开启 Windows Aero 特效；WDDM 1.1 或更高版本（显存大于 128MB）
网卡	互联网连接/电话	需要在线激活，如果不激活，目前最多只能使用 30 天

3．Windows 7 的启动与退出

微课：Windows 7 启动与退出

（1）计算机的启动分为冷启动与热启动。冷启动是指通过加电来启动计算机；热启动是指计算机的电源已经打开，在计算机的运行中，重新启动计算机的过程。

安装 Windows 7 成功之后，检查所有设备都已通电，直接开机就可以启动 Windows 7，在启动过程中可能还要输入用户密码，之后出现 Windows 7 的桌面屏幕工作区，启动完成。

进入 Windows 系统后，若出现增加新的硬件设备、软件程序或修改系统参数，或软件故障、计算机病毒感染等情况时，需要通过"开始"菜单中的"重新启动"项来热启动计算机，如图 4-5 所示。

图 4-5　开关机选项

（2）在计算机工作过程中，由于用户操作不当、软件故障或计算机病毒感染等多种原因，造成计算机"死机"或"计算机死锁"等故障时，这时可以用主机箱上系统复位（Reset）按钮来重启。如果系统复位还不能启动计算机，再用冷启动的方式启动。

（3）计算机的退出即是给计算机断电的过程，这一过程与开机过程正好相反：先关主机，再关显示器，需要通过"开始"菜单中的"关机"项完成。如果系统不能自动关闭，则可以选择强行关机。其方法是按住主机箱上电源开关不放手，持续 5 秒钟，即可强行关闭主机，最后关闭显示器电源。

（4）"开始"菜单"关机"项上还有几个选项，它们的作用分别如下。

"切换用户"：用来切换到其他用户，但系统保留所有登录账户的使用环境，当需要时，可以切换到账户切换前的使用环境。

"注销"：用来退出当前用户运行的程序，并准备由其他用户使用计算机。

"锁定"：用来锁定计算机，保护计算机安全。

"休眠"：用来保持系统的当前运行，并转入低功耗状态。

"睡眠"：用来将内存数据保存后待机，比较耗电。

4．Windows 7 的桌面

"桌面"是用户和计算机进行交流的窗口，通过桌面用户可以有效地管理自己的计算机，桌面上可以存放用户经常用到的应用程序和文件夹图标。

微课：Windows 7 的桌面

图标用来表示计算机内的各种资源（文件、文件夹、磁盘驱动器、打印机等），桌面上的常用图标有：计算机、回收站、网络、个人文件夹。

"计算机"：主要对计算机的资源进行管理，包括磁盘管理、文件管理、配置计算机软件和硬件环境等。

"回收站"：暂存用户从硬盘上删除的文件、文件夹、快捷方式等对象，当需要的时候，还可以还原或删除。

"网络"：当用户的计算机连接到网络上时，通过它与局域网内的其他计算机进行信息交换。

"个人文件夹"：是计算机默认的存取文档的桌面文件夹，其中保存的文档、图形或其他文件可以得到快速访问。

用户可以根据自己的需要在桌面上添加或删除各种快捷图标，在使用时双击图标就能够快速启动相应的程序和文件。关于图标的一些操作介绍如下。

"显示/隐藏"图标：在右键快捷菜单中选择"查看"命令的子命令"显示桌面图标"，使其前面有"√"，则桌面图标显示，否则，图标隐藏，如图 4-6（1）所示。

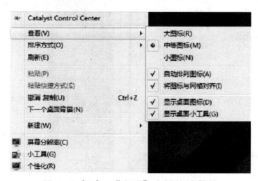

图 4-6（1）　"查看"右键快捷菜单

"删除图标"：单击要删除的图标，使之处于选中状态，按<Delete>键，或者右键单击图标，出现快捷菜单，在快捷菜单中选择<删除>。

"排序图标"：在右键快捷菜单中选择<排序方式>命令，即可对桌面图标进行位置调整与排序，如图4-6（2）所示。

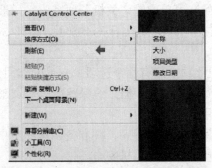

图 4-6（2） "排序方式"右键快捷菜单

5．"开始"菜单

Windows 7 的"开始"菜单不仅仅是外观，在易用性、功能等许多方面都发生了变化，有许多新的使用方式、新的功能被融入其中。

微课："开始"菜单

（1）"开始"菜单布局

左边的大窗格显示计算机上程序的一个短列表，单击"所有程序"可显示程序的完整列表，并且系统将"跳转列表"的功能融入到每一个程序中，用户最近打开的文件快捷方式都会出现在每一个程序的二级菜单中，还可以将快捷方式以📌方式"附加到列表"，也就是固定在列表的顶端，如图4-7（1）中的"word 课件.ppt"所示。另外，如果有一些经常使用的程序，我们也可以通过右键中的"附加到开始菜单"功能将其固定在开始菜单上，如图4-7（1）中的计算器图标等。这样的新功能无疑将提高我们的操作效率。左边窗格的底部是搜索框，可谓是 Windows 7 功能的一大"精华"，通过键入搜索项可在计算机上查找程序和文件。在其中依次输入"i""n""t"……这时你会发现开始面板中会显示出相关的程序、控制面板项以及文件，且搜索的速度也颇令人满意。右边窗格提供对常用文件夹、文件、设置和功能的访问。

图 4-7（1） "开始"菜单界面

（2）"开始"菜单自定义

Windows 7 的"开始"菜单也可以进行一些自定义的设置。如果你担心"开始"菜单中的"跳转列表"功能会泄露隐私，那么你可以在"开始"菜单上单击右键，打开"属性"界面后，取消选择"隐私"中两个选项，同时还可以设置电源按钮操作；另外，在界面上单击"自定义"，还可以看到一系列的"开始"菜单项显示方式的设置，如图 4-7（2）所示。

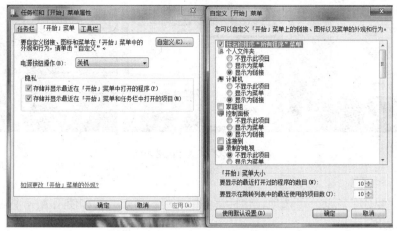

图 4-7（2）　"开始"菜单属性

6．Windows 7 的任务栏

由于大多数用户在任何时候都把 Windows 任务栏设置成始终可见的，因此，你越能有效地利用这块"领地"就越好。Windows 7 的任务栏通过两种方式进行了大的改进，如图 4-8（1）所示。

微课：任务栏属性

（1）应用程序可以固定在任务栏上以便于快速启动，这类似于 RocketDock 或 Mac OS X Dock。打开程序后缩小窗口，自动在任务栏上增加图标。程序运行过程中，图标明亮；当退出程序后，图标自动消失；或者用鼠标左键拖动程序图标到任务栏上，会锁定相应的程序快捷方式；如不需要，可以右键解锁。

图 4-8（1）　Windows 7 任务栏界面

（2）在一个被多个窗口覆盖的拥挤的桌面上，可以使用新的"航空浏览"（Aero Peek）功能从分组的任务栏程序中预览各个窗口，你甚至可以通过缩略图关闭文件。

（3）在任务栏的最右边，还有一个永久性的"显示桌面"按钮，单击它就可以清除桌面上的所有窗口，而再次单击一下则就会把所有的窗口又重新恢复到它们原来的位置。同样，新的"航空抖动"（Aero Shake）功能能够让你抓住活动窗口的顶端栏并来回迅速移动。清除桌面背景窗口抢夺。

（4）通知区域包括时钟等一些已知特定程序和计算机设置状态的图标。Windows 7 可以通过一个详细对话框自定义想要在系统托盘中显示哪些图标和通知，无需进行烦琐的注册表编辑。你只要单击系统托盘，然后从弹出的菜单中选择"自定义"即可。另外，在任务栏上可以新建工具栏，可以调整工具栏在任务栏上的位置，在任务栏上空白地方右击，弹出快捷菜单，选择"工具栏|新建工具栏"，如图 4-8（2）所示。

图 4-8（2） 通知区域界面

（5）任务栏属性。

任务栏主要分了三部分可选项，包括任务栏外观、通知区域和使用 Aero Peek 预览桌面，如图 4-8（3）所示。

"锁定任务栏"：在进行日常计算机操作时，常会一不小心将任务栏"拖曳"到屏幕的左侧或右侧，有时还会将任务栏的宽度拉伸并难以调整到原来的状态，为此，Windows 添加了"锁定任务栏"这个选项，可以将任务栏锁定。

"自动隐藏任务栏"：勾选"自动隐藏任务栏"，即可隐藏屏幕下方的任务栏，让桌面显得更大一些。想要打开任务栏，把鼠标指针移动到屏幕下边即可看到，否则不会显示任务栏。

图 4-8（3） "任务栏"选项卡

"使用小图标"：图标大小的一个可选项，方便用户根据自己需要进行调整。

"屏幕上的任务栏位置"：默认是在底部。可以单击选择左侧、右侧、顶部。如果是在任务栏未锁定状态的情况下，我们拖曳任务栏可直接将其拖曳至桌面四侧。

"任务栏按钮"：三个可选项为始终合并、隐藏标签，当任务栏被占满时合并，以及从不合并。

"通知区域"：可以自定义通知区域中出现的图标和通知，单击"自定义"按钮会弹出"通知区域图标和通知"对话框，如图4-8（4）所示。在对话框中，可以调整它们的行为，是"显示图标和通知"还是"仅显示通知""隐藏图标和通知"。另外，也可以在此设置系统图标显示方式。

图4-8（4） "通知区域"自定义对话框

"Aero Peek"功能：Aero Peek是Windows 7中Aero桌面提升的一部分，是Windows 7中崭新的一个功能。Aero Peek提供了两个基本功能。第一，通过Aero Peek，用户可以透过所有窗口查看桌面；第二，用户可以快速切换到任意打开的窗口，因为这些窗口可以随时隐藏或可见。

7．Windows 7窗口操作

计算机启动一个程序，桌面上就会打开一个长方形区域，我们称这个长方形区域为窗口。窗口一般分为应用程序窗口、文档窗口和对话框窗口三类。前两种窗口都包含标题栏、菜单栏、工具栏、状态栏和工作区，并且可以改变窗口大小，而对话框是一种大小固定，只包含按钮和各种选项，通过它们可以完成特定的任务或命令的人机交互窗口，如图4-9（1）所示。

图4-9（1） 窗口与对话框

窗口的基本操作分为以下 5 种。

（1）窗口的打开和关闭。

通过以下 3 种方法均可以打开相应的窗口。

● 双击桌面上的快捷方式图标。

● 单击"开始"菜单中的"所有程序"下的子菜单。

● 在"计算机"中双击某一程序或文档图标。

通过以下 6 种方法可以关闭相应的窗口。

● 双击程序窗口左上角的控制菜单图标。

● 单击程序窗口左上角的控制菜单图标，选择"关闭"命令。

● 单击窗口右上角"关闭"按钮。

● 右键单击标题栏的空白处，在快捷菜单中选择"关闭"命令。

● 按<Alt+F4>组合键。

● 将鼠标指针指向任务栏中的窗口的图标按钮并单击右键，然后选择"关闭"命令。

（2）窗口大小操作。

通过以下 7 种方法可以调整窗口大小。

● 单击窗口右上角的控制按钮。

● 右击窗口的标题栏，使用"还原""最大化""最小化"命令。

● 在窗口最大化时，双击窗口的标题栏可以还原窗口；反之则将窗口最大化。

● 显示桌面，可将所有打开的窗口最小化。

● 通过晃动：当只需使用某个窗口，而将其他所有打开的窗口都隐藏或最小化时使用。

● 将窗口拖到桌面最上方，窗口会自动最大化；将窗口微向下移动，会自动还原。窗口拖到桌面的边缘会自动变成半屏大小。

● 当窗口不是最大化时，将鼠标指针放在窗口的 4 个角或 4 条边上，此时指针将变成双向箭头，按住左键向相应方向拖动，即可对窗口的大小进行调整。

（3）窗口移动。

微课：窗口操作

通过以下 2 种方法可以移动窗口。

● 自由移动：鼠标指针移到窗口的标题栏上，按住左键不放，移动鼠标，到达预期位置后，松开鼠标按键。

● 精确移动：在标题栏单击鼠标右键，在弹出的快捷菜单中选择"移动"命令，当屏幕上出现"✧"标志时，通过按键盘上的方向键来移动，移到合适的位置后用鼠标单击或者按回车键确认即可。

（4）窗口切换。

Windows 7 窗口切换让系统更加人性化，通过以下方法可以完成窗口切换。

● 任务栏切换：单击任务栏中的窗口按钮，对应窗口显示在其他窗口前面，成为活动窗口。

● 用<Alt+Tab>组合键：按住<Alt>键，同时重复按<Tab>键，释放<Alt>则显示所选窗口，如图 4-9（2）所示。

图 4-9（2）　切换任务栏

用<Alt>键+<Tab>键还可以有更快捷的切换窗口的新方法，首先，按住<Alt>键，然后单鼠标单击任务栏左侧的快捷程序图标（已打开两个或两个以上文件的应用程序），任务栏中该图标上方就会显示该类程序打开的文件预览小窗口。接着放开<Alt>键，每按一次<Tab>键，即会在该类程序几个文件窗口间切换一次，大大缩小了程序窗口的切换范围，切换窗口的速度自然就快了不少。

- 用<Win+Tab>组合键：在 Windows 7 中还可以利用<Win+Tab>组合键进行 3D 窗口切换。按住<Win>键，然后按一下<Tab>键，即可在桌面显示各应用程序的 3D 小窗口，每按一次<Tab>键，即可按顺序切换一次窗口，放开<Win>键，即可在桌面显示最上面的应用程序窗口，如图 4-9（3）所示。当然，也可以有更快捷的切换方法，那就是按住<Win>键时，按一下<Tab>键，桌面显示各应用程序的 3D 小窗口时，利用鼠标直接单击需要的那个应用程序 3D 小窗口，即可直接切换至该应用程序窗口。

图 4-9（3） 3D 切换窗口

（5）窗口排列。

使用 Windows 7 系统的用户，在平时工作中，难免需要同时打开多个窗口，如何才能最有效地显示出打开的多个窗口的内容呢？Windows 7 给了我们很好的解决办法，在 Windows 7 中如果桌面同时打开多个窗口，我们只需利用系统提供的排列方式组合，即可轻松调整和实现最合理的窗口排列方式。

要实现多窗口排列功能，只需将鼠标指针移动到系统任务栏空白处，右击鼠标弹出列表菜单，其中系统提供了三种排列方式，分别为"层叠窗口""堆叠显示窗口""并排显示窗口"，如图 4-9（4）所示。

- 选择"层叠窗口"的显示方式，就是把窗口按照一个叠一个的方式，一层一层地叠起来显示。
- 选择"堆叠显示窗口"的显示方式，就是把窗口按照横向两个，纵向平均分布的方式堆叠排列起来显示。
- 选择"并排显示窗口"的显示方式，就是把窗口按照纵向两个，横向平均分布的方式并排排列起来显示。

图 4-9（4） 任务栏快捷菜单

8．Windows 7 常用快捷键

随着 Windows XP 时代的结束，越来越多的 Windows 用户选择了 Windows 7 操作系统，在使用过程中熟练地运用 Windows 7 的快捷键操作，无疑可以加快工作效率，提高使用体验。下面为大家总结一下 Windows 7 的常用快捷键，如表 4-2 所示。

表4-2　Windows 7常用快捷键

名称	用途	名称	用途
Win+E	打开"资源管理器"	Shift+F10	打开当前活动项目的快捷菜单
Win+R	打开"运行"对话框	Shift+Del	彻底删除文件或文件夹
Win+L	锁定当前用户	Alt+F4	关闭当前应用程序
Win+T	快速切换任务栏程序	Alt+Tab	切换当前程序
Win+P	快速接上投影仪	Alt+Esc	切换当前程序
Win+D	一键隐藏所有窗口	Print Screen	截屏桌面
Win+F	快速打开搜索窗口	Alt+ Print Screen	截屏当前窗口
Win+Tab	3D 窗口切换	Alt+Backspace	撤销上一步操作
Win+Space	快速显示桌面	Shift+Alt+Backspace	重做上一步被撤销的操作
Win+Break	快速查看"系统属性"	Ctrl+F4	关闭应用程序中的当前文本
Win+方向键	上下左右移动窗口	Ctrl+F6	切换到应用程序中下一个文本
Win+数字键	快速打开任务栏程序	Ctrl+Shift+Esc	打开"任务管理器"
Win+Ctrl+Tab	3D 桌面浏览并锁定	Ctrl+Alt+Del	打开系统任务列表

9．Windows 7附件工具

"开始"菜单的"附件"一栏中为用户内置了很多方便实用的小工具，比如用户熟悉的记事本、写字板、计算器、画图……这些系统自带的工具虽然体积小巧、功能简单，但是却常常发挥很大的作用，让用户使用计算机更便捷、更有效率。

（1）记事本。

在"开始"菜单"附件"中打开"记事本"程序，Windows 7 的记事本较以前版本并没有多大变化，除了精简的菜单项外，就只有单色的文字编辑区，如图 4-10（1）所示。记事本的特点是只支持纯文本。

（2）写字板。

在"开始"菜单"附件"中打开"写字板"程序，写字板是 Windows 系统中自带的、更为高级一些的文字编辑工具，相比记事本，它具备了格式编辑和排版的功能。Windows 7 系统中，写字板采用了 Office 2007 的元素——Robbin 菜单。通过这种新的界面，可以很方便地使用各种功能，对文档进行编辑、排版，如图 4-10（2）所示。

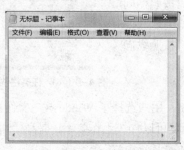

图4-10（1）记事本

图4-10（2）写字板

（3）"画图"工具。

在"开始"菜单"附件"中打开"画图"程序，与写字板一样，Windows 7中全新的"画图"也引入了Ribbon菜单，从而使得这个小工具的使用更加方便。此外，新的画图工具加入了不少新功能，如"刷子"功能可以更好地进行"涂鸦"，而通过图形工具，可以为任意图片加入设定好的图形框，使得画图功能更加实用，如图4-10（3）所示。

（4）计算器。

在"开始"菜单"附件"中打开"计算器"程序，Windows 7 的计算器可以说是变化最大的，不仅仅有全新的面孔，而且带给用户更多更丰富的功能，如图 4-10（4）所示。除了原先就有的科学计算器功能外，新的计算器还加入了编程和统计功能。除此之外，Windows 7 的计算器还具备了单位转换、日期计算，及贷款、租赁计算等实用功能。

通过单位换算功能，可以将面积、角度、功率、体积等的不同计量单位之间进行相互转换；日期计算功能可以计算倒计时等；而"工作表"菜单下的功能则可以计算贷款月供额、油耗等，非常贴近生活，给用户带来更多便利。

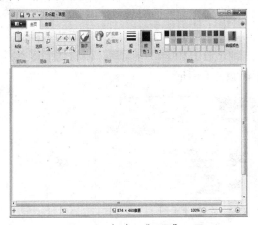

图 4-10（3）"画图"工具

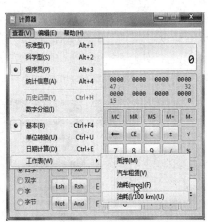

图 4-10（4）计算器

（5）系统工具。

在"开始"菜单"附件"中打开"系统工具"命令，可以看到多个维护系统的程序功能，如图 4-10（5）所示。

图 4-10（5）系统工具

- Internet Explorer：启动没有 ActiveX 控件或浏览器扩展的 Internet Explorer。
- 磁盘清理：清除掉磁盘上的一些文件（如临时文件）以释放存储空间。
- 磁盘碎片整理：由于磁盘操作的反复使用，磁盘上会出现一些空间很小的可用存储区域，磁盘碎片整理程序可以把这些碎片整理成一块大的可用区域，方便用户使用。
- 任务计划程序：设置一些定时完成的任务。
- 系统信息：查看当前使用的系统的版本和资源等情况。
- 系统还原：恢复系统到选择的还原点。

4.3 控制面板

控制面板是 Windows 管理和维护计算机系统最重要的操作入口。通过控制面板，用户可以设置相关选项，使计算机系统更符合自己个性化的需要，更方便自己使用。通过系统管理，还可以使自己的计算机系统运行更安全，更快更方便地排除系统故障。

在 Windows 7 操作系统中，控制面板有一些操作方面的改进设计，Windows 7 系统的控制面板默认以"类别"的形式来显示功能菜单，分为系统和安全，用户账户和家庭安全，网络和 Internet，外观和个性化，硬件和声音，时钟、语言和区域，程序，轻松访问等类别，每个类别下会显示该类的具体功能选项，如图 4-11（1）所示。

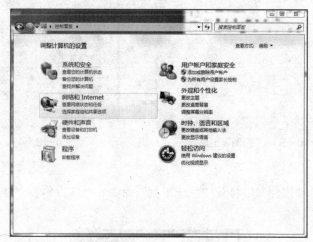

图 4-11（1） Windows 7 的控制面板

4.3.1 桌面设置

微课：桌面设置

随着 Windows 7 系统的普及，更多的用户想要对系统桌面进行个性化设置，不再用单一的图片做桌面背景，而设置幻灯片形式显示主题，使桌面显示功能更加多变。用户可以通过在桌面单击右键选择"个性化"菜单，或者通过"控制面板"选择"外观和个性化"属性来进行操作，如图 4-11（2）所示。Windows 7 系统个性化设置主要包括：主题设置、桌面图标设置、鼠标指针设置、账户图片设置。

1. 主题设置

系统已经自带了几个 aero 主题，当然我们也可以从网上下载主题。在"个性化"窗口的"主题"列表框中选择自己喜爱的主题单击，即可为系统应用该主题。

图 4-11（2） 桌面属性

2．桌面背景

单击"桌面背景"可以设置自己喜欢的桌面背景图片（可以是 Windows 自带的墙纸文件，也可以是自己硬盘上的图片文件）。"图片位置"是选择图片在桌面的显示效果，有"填充""适应""拉伸""平铺""居中"这几种选项。"更改图片时间间隔"可以设置背景图片幻灯片播放时间，如图 4-11（3）所示。

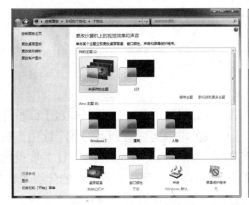

图 4-11（3） "个性化"与"桌面背景"界面

3．窗口颜色

窗口颜色也可以根据用户的喜好设置，如果用户不喜欢 aero 效果（玻璃）特效，或者想加快系统运行速度，单击"个性化"设置窗口中的"窗口颜色"，把"启用透明效果"的复选框去掉即可。此外还可以修改颜色的浓度和高级外观的设置，如图 4-11（4）所示。

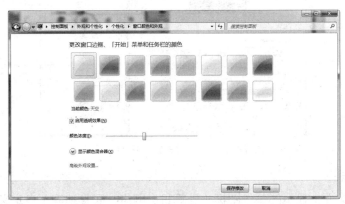

图 4-11（4） "窗口颜色和外观"界面

4．声音

个性化还可以设置不同主题的声音，如图 4-11（5）所示。打开个性化窗口后，单击"声音"，进入声音设置界面。选择需要提示声音的"程序事件"，比如"关闭程序"，然后单击"浏览"打开系统自带的声音文件，选择其中一个后"确定"，返回声音设置界面后可以单击"测试"，若无问题，单击"确认"即可。

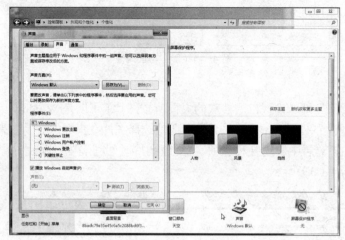

图 4-11（5） "声音"界面

5．屏幕保护程序

屏幕保护程序可在用户暂时不工作时屏蔽用户计算机的屏幕，这不但有利于保护计算机的屏幕和节约用电，而且还可以防止用户屏幕上的数据被他人查看到。打开个性化窗口后，单击"屏幕保护程序"，进入屏幕保护程序设置界面，如图 4-11（6）所示。比如要设置为三维文字，单击"设置"，打开三维文字设置界面，可以自定义文字，设置文字的分辨率、大小、旋转速度、旋转类型、表面字样等，单击"确定"即可返回屏幕保护程序设置界面，看到预览界面，可同时设置限制多长时间后进行屏幕保护。

图 4-11（6） "屏幕保护程序"界面

6．桌面图标

用户可以对桌面上显示的系统图标（计算机、网络、回收站等）自定义图标样式，如图 4-11（7）所示。打开"个性化"窗口后，单击左侧"更改桌面图标"，进入"桌面图标设置"

界面，可以看到桌面上已经显示了的系统图标是打钩的。选中想要更改的图标，比如"计算机"，单击"更改图标"，会进入选择图标的界面，选择好想要设置的图标，"确定"后，回到桌面图标设置界面，单击"确定"后即可完成设置。

图 4-11（7）　"桌面图标设置"界面

Windows 7 的个性化设置还包括"更改鼠标指针"和"更改账户图片"等功能，用户都可以在个性化窗口左上方的选项中根据需要进行设置。

7．显示与分辨率

在"个性化"左下角单击"显示"选项，进入"显示"界面，可以通过选择其中一个选项，改变屏幕上的文本大小以及其他项。单击左上角的"调整分辨率"，可以更改显示器设置、屏幕分辨率和屏幕方向调整，如图 4-11（8）所示。

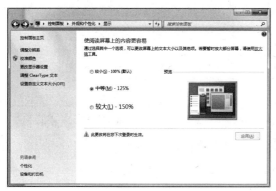

图 4-11（8）　"显示"和"分辨率"界面

4.3.2　计算机时间设置

有时我们会发现计算机桌面右下角的时间经常不准，然而每次调完之后过一段时间它还是会不准，难道每次都要手动去调吗？面对这种问题该如何解决呢？下面将详解 Windows 7 任务栏时间显示设置，包括设置日期和时间、改用 12/24 小时制、添加个性化文字等。

1．日期与时间设置

"日期和时间"对话框可以通过以下 3 种方法打开：一，单击任务栏右下角时间指示区，单击"更改日期和时间设置"；二，右键单击时间指示区，单击"调整日期/时间"；三，打开控制面板，单击"时钟、语言和区域"，再单击"日期和时间"选项，如图 4-12（1）所示。

图 4-12（1） 日期和时间打开方式

　　单击之后出现图 4-12（2）所示界面，单击"更改日期和时间"，就能更改日期和时间了，更改之后单击"确定"即可。当然，手动更改肯定没有互联网的时间准确，所以，我们可以切换到"Internet 时间"中设置自动同步网络时间，如图 4-12（3）所示。勾选"与 Internet 时间服务器同步"，然后就能选择你要同步的服务器，更新后就会显示时钟与服务器同步成功，以后就不担心系统时间不准了。

图 4-12（2）　"日期和时间"界面　　　　　图 4-12（3）　自动同步时间

　　还可以在时钟区域设置多个地区时钟，选择"附加时钟"选项卡，选择"显示此时钟"，选择时区，输入显示名称，单击"确定"即可，如图 4-12（4）所示。

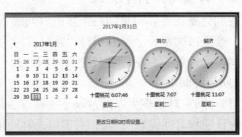

图 4-12（4）　时区设置

2．日期与时间格式设置

Windows 7系统中，系统时钟默认采用24小时制，如果不习惯，可以改成12小时制。单击"日期和时间设置"窗口左下角"更改日历设置"，弹出"自定义格式"窗口，切换到"时间"选项卡，将"时间格式"栏中表示24小时制的"H"改为表示12小时制的"h"，并且在前面加上表示上午和下午的"tt"，最后单击"确定"按钮保存设置，这样就可以把系统默认的24小时制改为12小时制。如果要修改短日期与长日期，则切换到"日期"选项卡进行设置，如图4-12（5）所示。

微课：计算机时间设置

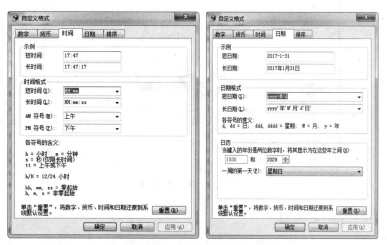

图4-12（5） 日期与时间格式设置

在Windows 7系统时钟上还可以添加个性化文字。切换到"时间"选项卡，首先在"时间格式"中加上"tt"，然后在"AM符号"和"PM符号"右侧文本框中输入个性化文字，最后单击"确定"按钮保存设置，如图4-12（6）所示。

图4-12（6） 时间区域个性化文字设置

4.3.3　打印机设置

现在，企业办公越来越离不开打印机了，但是很多职场白领不懂怎么连接打印机，下面详细说明一下Windows 7系统怎么连接打印机。首先单击桌面左下角"开始"按钮中的"设备和打印机"选项，如果计算机以前连接过打印机，下面会显示打印机列表，默认打印机左下角有一个"√"。若没有安装过，则单击窗口左上角的"添加打印机"按钮，然后根据向导选择要安装的打印机类型、打印机端口、打印机品牌与型号等。安装完成后，右键单击刚才安装的打印机图标，选择"打印机属性"中的"打印机测试页"测试打印机是否可以正常工作，如图 4-13 所示。

图 4-13   打印机设置

4.3.4   用户账号设置

微课：打印机、账户设置，
程序卸载与更改

Windows 7 系统里面一般都设置有两个账户，一个是系统本来就有的管理员账户，它拥有管理员的所有权限；另一个是受限制的账户，这个账户是给别人用的。为了保证各自文件的安全，可以在计算机中创建多个用户账户，每个用户都可以使用自己的用户名和密码访问其用户账户，这样就实现了不同的用户可以拥有自己的文件和设置的情况下与多个人共享计算机。

对用户账号进行设置，可通过"控制面板"中的"用户账户和家庭安全"里面的"用户账户"完成，如图 4-14 所示，可以在此界面进行账户密码、账户头像的创建，还可以管理其他账户、更改用户账户控制设置。

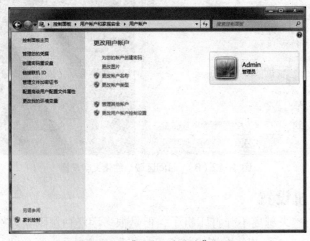

图 4-14   "更改用户账户"界面

4.3.5 程序卸载与更改

在"控制面板"窗口中选择"程序"，弹出"程序"窗口，如图 4-15 所示。在此窗口中可以选择"程序和功能"下的卸载程序、修复等功能，对已经安装的程序进行卸载或更新。

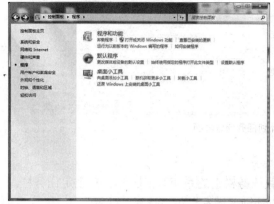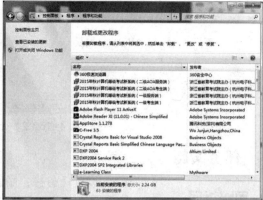

图 4-15　"程序和功能"界面

4.3.6 计划任务

Windows 系统有个"计划任务"功能，一般很少有人使用。其实，"计划任务"是系统自带的一个很实用的功能，比如说，这个功能可以设置定时提醒，这样在使用计算机时就不会因为太过投入而导致错过重要的事务。

单击"开始"菜单，在最下方的搜索框里搜索"计划任务"，再单击打开"任务计划程序"。或者在"控制面板"中单击"系统和安全"，然后再选择"管理工具"中的"计划任务"，出现如图 4-16（1）所示的界面。

微课：计划任务

图 4-16（1）计划任务设置

在"任务计划程序"窗口中单击"创建基本任务"，打开"创建基本任务向导"，根据向导输入任务的"名称"以及"描述"，在"触发器"选项里设置任务开始时间、执行何种操作等，如图 4-16（2）所示。

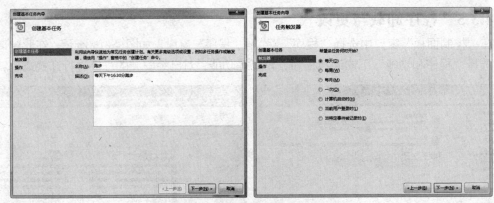

图 4-16（2） 计划任务向导界面

任务实施

微课：Windows 7
任务实施

（1）设置任务栏：隐藏任务栏上的系统音量图标，并锁定任务栏。

操作方法：在任务栏的时钟区域右键单击选择"属性"，打开"系统图标"对话框，找到系统图标"音量"，选择行为"关闭"，单击"确定"完成设置。接着在任务栏上右键单击选择"锁定任务栏"命令。

（2）设置桌面背景：将"风景"组中的"img10"设置为桌面背景图片，并设置图片位置为"居中"。

操作方法：打开"控制面板"，选择"外观"→"显示"，在"显示"对话框左侧窗格中选择"更改桌面背景"，打开"桌面背景"对话框，选择"风景"组中的"img10"，在图片位置下拉菜单中选择"居中"，单击"保存修改"。

（3）打开"画图"程序，画一幅简单的图画，并保存到 D 盘，命名为"我的图片"，再将该图片设置为 Windows 7 操作系统桌面背景。

操作方法：打开"画图"工具，任意画图，单击"保存"，在"另存为"对话框中重命名"我的图片"，路径选择"D:"盘，保存。在桌面单击右键，选择"个性化"→"桌面背景"→"浏览"，找到 D 盘下"我的图片"，单击"保存修改"。

（4）设置屏幕保护程序：将屏幕保护程序设置为"三维文字"，文字内容为"欢迎登录"，字体为华文琥珀，粗体，旋转类型为"跷跷板式"，并设置屏幕保护程序的等待时间为"1"分钟。

操作方法：打开"控制面板"，选择"外观"→"显示"，在"显示"对话框左侧窗格中选择"更改屏幕保护程序"，打开"屏幕保护程序设置"对话框，在屏幕保护程序下拉框中选择"三维文字"，再单击"设置"按钮，弹出"三维文字设置"对话框，在"自定义文字"中输入"欢迎登录"，单击"选择字体"按钮，选择"华文琥珀""粗体"，在旋转类型下拉框中选择"跷跷板式"，最后回到"屏幕保护程序设置"对话框，设置"等待"时间"1"分钟，依次选择"应用"→"确定"后完成设置。

（5）设置 Windows 的日期与时间格式。将 Windows 的时间格式设置为：短时间为"tt hh:mm"，长时间为"tt hh:mm:ss"，其余采用默认值。将短日期格式设置为"yy.m.d"，其余采取默认值。

操作方法：打开"控制面板"，选择"时钟、语言和区域"→"区域和语言"，在弹出的"区域和语言"对话框的"格式"选项卡中选择"其他设置"，会弹出"自定义格式"对话框，在"时间"选项卡中选择短时间"tt hh:mm"，长时间为"tt hh:mm:ss"，在"日期"选项卡中选择短日期"yy.m.d"，单击"应用"→"确定"完成设置。

课后练习

1. 设置系统管理员图片为"小猫"，管理员密码为"aaaa"，密码提示信息为"最简单的连续 4 个字母"。

2. 设置自动隐藏任务栏，取消锁定任务栏，并使用小图标，任务栏按钮设置为"始终合并，隐藏标签"。

微课：课后练习

3. 设置电源按钮为"锁定"，并显示最近在"开始"菜单中打开的程序。

4. 在任务栏中显示地址工具栏。将 Windows 7 桌面背景设置为纯色，颜色设置为橙色。

5. 设置桌面背景为"风景"系列 6 张图片，图片位置为"填充"，更改图片时间间隔为"30 分钟""无序播放"。

6. 设置系统数字格式为：小数点为"."，小数位数为"2"，数字分组符为";"，数字分组为"12,34,56,789"，列表项分隔符为";"，负号为"−"，负数格式为"(1.1)"，度量单位用"公制"，显示起始的零为".7"。

任务 5　管理文件和文件资源

任务描述

小刘是公司的宣传员，现在要为公司制作一个宣传画册，收集了很多资料，包括一些文档、图片和视频等。但随着工作的不断深入，素材越来越多，这些文件随意存放，需要时又不容易找到，影响了工作效率。因此，他决定利用 Windows 7 中的文件管理知识来对这些文件进行有序管理。下面就跟着小刘一起来学习 Windows 7 中的文件管理吧。该任务的具体操作如下。

1. 新建文件或文件夹
2. 复制文件或文件夹
3. 删除文件或文件夹
4. 重命名文件或文件夹
5. 设置文件属性

相关知识

5.1　文件管理的相关操作

5.1.1　文件的选择

1．文件系统

文件系统就是操作系统中实现文件统一管理的一组软件、被管理的文件以及为实施文件管理所需要的一些数据结构的总称。目的是方便用户且保证文件的安全可靠。

2．文件系统的功能

（1）统一管理文件存储空间（即外存），实施存储空间的分配和回收。

（2）确定文件信息的存放位置及存放形式。

（3）实现文件从名字空间到外存地址空间的映射，即实现文件的按名存取。

（4）有效实现对文件的各种控制操作和存取操作。

（5）实现文件信息的共享，并且提供可靠的文件保密和保护措施。

3．文件和文件夹

文件是具有符号名的、在逻辑上具有完整意义的一组相关信息项的有序序列。

信息项是构成文件内容的基本单位，可以是一个字符，也可以是一个记录；记录可以等长，也可以不等长。各信息项之间具有顺序关系。

文件夹是用来组织和管理磁盘文件的一种数据结构，是计算机磁盘空间为了分类存储文件而建立的独立路径的目录，一般采用多层次结构（树状结构）。

在 Windows 7 中，文件就是用户赋予了名字并存储在磁盘上的信息的集合，它可以是用户创建的文档，可以是可执行应用程序，也可以是一张图片、一段声音等。文件夹是系统组织和管理文件的一种形式，是为方便用户查找、维护和存储而设置的，用户可以将文件分门别类地存放在不同的文件夹中。

4．盘符

盘符是 Windows 系统为磁盘存储设备设置的标识符。一般使用 26 个英文字符加上一个冒号来标识。由于历史原因，早期的 PC 一般装有两个软盘驱动器，所以字母 A 和 B 就用来表示这两个软驱，而硬盘设备就从字母 C 开始。

5．路径

用户在磁盘上寻找文件时，所经历的文件夹路线称为路径。路径是从根目录（或当前目录）开始，到达指定的文件所经过的一组目录名（文件夹名）。盘符与文件夹名之间以"\"分隔，文件夹与下一级文件夹之间也以"\"分隔，文件夹与文件名之间仍以"\"分隔。例如："D:\picture\view\山水.jpg"。

6．计算机

双击桌面"计算机"图标，屏幕显示"计算机"窗口，该窗口中，包含用户计算机中基本硬件资源的图标，通过此窗口可以浏览你的 PC，并可复制、格式化磁盘等，如图 5-1 所示。

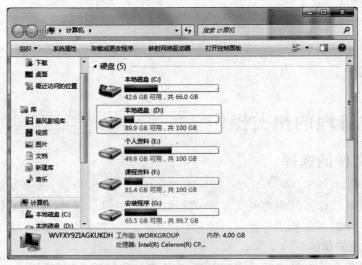

图 5-1 "计算机"界面

7．资源管理器

"资源管理器"是 Windows 系统提供的资源管理工具，可以用它查看计算机中所有资源，特别是它提供的树形文件系统结构，使用户能更清楚、更直观地认识计算机的文件和文件夹。另外，在"资源管理器"中还可以对文件进行各种操作，如打开、复制、移动等。

微课：资源管理器

（1）"资源管理器"的组成。

● 左窗口。

左窗口显示各驱动器及内部各文件夹列表等，选中（单击文件夹）的文件夹称为当前文件夹。文件夹左方有▶标记的表示该文件夹有尚未展开的下级文件夹，单击▶可将其展开（此时▶变为◢），没有▶标记的表示没有下级文件夹，如图 5-2（1）所示。

图 5-2（1）　"资源管理器"界面

● 右窗口。

右窗口显示当前文件夹所包含的文件和下一级文件夹。右窗口的显示方式可以改变：右击或选择菜单"查看"，即可选择超大图标、大图标、中等图标、小图标、列表、详细信息、平铺或内容。右窗口的排列方式可以改变：右击或选择菜单"排列方式"，即可按文件夹、修改日期、类型、标记或名称排列。显示预览窗格还可以预览文件，如图 5-2（2）所示。

图 5-2（2）　"资源管理器"右窗格

● 窗口左右分隔条。

拖动可改变左右窗口大小。

● 菜单栏、状态栏、工具栏。

（2）"资源管理器"启动方法。

用户可以通过以下 4 种方式打开"资源管理器"。

● 右击任务栏上"开始"→选择"资源管理器"。

● 单击"开始"菜单，在搜索中键入"资源管理器"，打开"资源管理器"。

● 快捷键：<Win+E>。

● 在"运行"中输入 explorer 即可打开"资源管理器"。

5.1.2　文件和文件夹的基本操作

1．新建文件和文件夹

创建文件和文件夹的方法有以下两种。

（1）打开要创建文件夹或文件的驱动器或文件夹，单击"文件"菜单下的"新建"命令，打开其级联菜单，级联菜单中包含多个命令，利用它们可以在所选驱动器或文件夹中建立文件夹、快捷方式、文本文件、Word 文件、Excel 工作表等。

（2）在窗口空白处右键单击，在弹出的菜单中选择"新建"→"文件"或"文件夹"，再输入文件或文件夹的名字。

2．文件或文件夹的重命名

每个文件都有文件名，文件名是文件的唯一标记，是存取文件的依据。在 Windows 7 系统中，文件的名字由文件名和扩展名组成，格式为"文件名.扩展名"，最长可以包含 255 个字符。文件名可以由 26 个英文字母（不区分大小写）、0~9 的数字和一些特殊符号等组成，可以有空格（不能出现在开始）、下划线，但禁止使用\、/、:、*、?、<、>、&、]这 9 个字符。

扩展名一般由多个字符组成，表示文件的类型，不可随意修改，否则系统将无法识别。

文件和文件夹的重命名操作可以采用下述方法之一。

（1）在"计算机"或"资源管理器"窗口中，单击选中要重命名的文件或文件夹，使其处于选中状态，然后再次单击其名称，使其处于可编辑状态。

（2）右键单击要重命名的文件或文件夹，在弹出的菜单中选择"重命名"。

（3）先选中要重命名的文件或文件夹，选择菜单"组织"→"重命名"。

（4）按快捷键<F2>。

使用以上操作后，文件名或文件夹名处于选中状态，键入新的文件名或文件夹名，按回车或鼠标单击名称框外任何地方就可以完成重命名。

3．文件和文件夹的查看、复制或移动

（1）查看：在窗口中，可以通过"视图"按钮来更改文件或文件夹图标的大小和外观。单击某个视图或移动左边的滑块都可更改文件和文件夹图标的外观大小。

（2）复制或移动：要想复制或移动文件和文件夹，首先在窗口中选择要操作的文件或文件夹并右键单击，在弹出的快捷菜单中选择"复制"或"剪切"命令，右击目标位置，在弹出的快捷菜单中选择"粘贴"命令即可完成复制和移动操作。

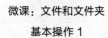

也可以采用快捷键（<Ctrl+C>，<Ctrl+X>，<Ctrl+V>）进行对象的复制或移动。还可以利用鼠标结合快捷键完成复制和移动操作，如果是在相同磁盘中，直接用左键拖动可以移动文件或文件夹，<Ctrl>键结合左键拖动可以复制文件或文件夹；如果是在不同磁盘中，直接用左键拖动可以复制文件或文件夹，<Shift>键结合左键拖动可以移动文件或文件夹。

4．文件或文件夹的删除与还原

可以用以下方法完成删除操作。

（1）在"计算机"或"资源管理器"中选中要删除的文件或文件夹，单击"组织"中的"删除"命令。

（2）在"计算机"或"资源管理器"中选中要删除的文件或文件夹，直接单击<Delete>键删除。

（3）在"计算机"或<资源管理器>中，在要删除的文件或文件夹图标上右击，在弹出的快捷菜单中选中"删除"即可完成删除。

以上操作都会出现确认文件或文件夹删除对话框，单击"确认"按钮即可完成操作。

（4）在"资源管理器"中选中要删除的文件或文件夹，直接拖曳到回收站也能完成删除操作。

以上操作执行后，所有文件或文件夹都会放入回收站中。如果希望彻底删除对象，在做上述操作的同时按下<Shift>键，或者做了上述操作后，清空回收站。

还原文件或文件夹必须要确认该对象在回收站中。双击打开回收站，选择要恢复的对象，选择菜单栏"还原此项目"，或者右键单击要恢复的对象，在弹出的菜单中选择"还原"命令，恢复的文件会出现在删除前的位置。

5．文件和文件夹的搜索

可以在"开始"菜单或者"资源管理器"窗口中的搜索框中快速查找文件或文件夹，搜索前先在左侧的导航窗格中选定要搜索的范围，当前选中的文件夹路径就会显示在地址栏中，同时搜索框显示出搜索范围，如图 5-3 所示。在搜索框中输入要搜索的关键字后，系统就会自动搜索。如果要更快速地搜索到所需要的对象，也可以使用搜索筛选器按照修改日期、文件大小等条件进行搜索。在搜索过程中，如果只记得部分文件名，忘记部分可以用通配符"*"或"?"来代替。其中"*"表示任意长度的字符串，"?"表示任意一个字符。

图 5-3　搜索文件和文件夹

微课：文件和文件夹

基本操作（2）

6．文件和文件夹的选择

（1）单个文件或文件夹：一般是鼠标光标指向图标并单击图标。

（2）多个连续排列的文件或文件夹：按住<Shift>键，单击第一个，再单击最后一个，将选中从第一个到最后一个之间所有的文件或文件夹（包含第一个和最后一个）；或者用鼠标在空白处开始，往要选择的对象方向拖个矩形框，将要选择的对象一起圈住。

（3）多个不连续的文件或文件夹：按住<Ctrl>键不放，同一窗口（桌面）下，可以依次选中多个不同的不连续排列的文件或文件夹。

（4）利用快捷键<Ctrl+A>全选。

5.1.3　文件和文件夹的属性设置

1．文件和文件夹的属性

文件和文件夹的属性将文件或文件夹分为不同类型，以方便存放和传输，它定义了文件的某种独特性质。常见的文件属性有系统属性、隐藏属性、只读属性和归档属性。

● 系统属性

文件的系统属性是指系统文件，它将被隐藏起来。在一般情况下，系统文件不能被查看，也不能被删除，是操作系统对重要文件的一种保护属性，防止这些文件被意外损坏。

● 隐藏属性

在查看磁盘文件的名称时，系统一般不会显示具有隐藏属性的文件名。一般情况下，具有隐藏属性的文件不能被删除、复制和更名。

● 只读属性

对于具有只读属性的文件，可以查看它的名字，它能被应用，也能被复制，但不能被修改和删除。如果将可执行文件设置为只读文件，不会影响它的正常执行，但可以避免意外的删除和修改。

● 归档属性

一个文件被创建之后，系统会自动将其设置成归档属性，这个属性常用于文件的备份。

2．属性设置

右键单击文件或文件夹，在弹出的菜单中选择"属性"，弹出"属性"对话框，如图5-4（1）左图所示。在"属性"对话框中，有常规、共享、安全、位置和以前的版本5张选项卡，分别列出了该对象的相关内容。若要设置文件或文件夹属性，在"常规"选项卡里的属性组中可以选择"只读"或者"隐藏"属性，还可以单击"高级"进入"高级属性"对话框，如图5-4（1）右图所示，进行高级属性的设置。

3．文件夹选项设置

微课：文件和文件

夹属性设置

文件夹选项，是一个管理系统文件夹和文件的系统程序。可以通过"资源管理器"中"组织"下的"文件夹和搜索选项"进入界面，可以看到程序界面分为3个主要选项卡："常规""查看""搜索"，如图5-4（2）所示。

（1）"常规"包括以下3个功能。

● 可以指定文件资源管理器的打开方式；

● 可以指定文件夹的打开方式，是双击还是单击；

● 导航窗格设置。

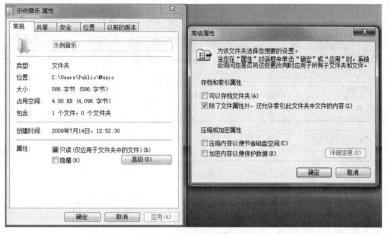

图 5-4（1） 文件和文件夹属性对话框

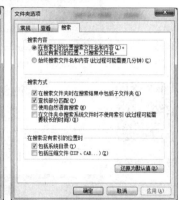

图 5-4（2） 文件夹的选项卡

（2）"查看"，这是一个非常实用的功能，可以自定义是否显示隐藏文件和文件后缀以及缩略图的设置等。

隐藏文件和文件夹选项是通过文件的属性里面的隐藏来配合使用的。当文件的属性为隐藏的时候，一般是看不到文件的，如果想找到这个文件，通过更改这个选项卡中的选项就能找到了。

扩展名也叫做后缀名，不同的扩展名代表文件的格式不同，打开的工具和文件在磁盘上存储的方式也不同。如果想要修改扩展名，也是通过修改这个选项卡中的选项实现。

（3）"搜索"，主要是设置本地文件搜索，进行加速。

5.1.4 使用库

使用 Windows 7 的用户都会注意到，系统里有一个极具特色的功能——"库"，如图 5-5（1）所示。库是 Windows 7 系统借鉴 Ubuntu 操作系统而推出的文件管理模式。库的概念并非传统意义上的存放用户文件的文件夹，它其实是一个强大的文件管理器。

库所倡导的是通过建立索引和使用搜索快速地访问文件，而不是传统的按文件路径的方式访问。建立的索引也并不是把文件真的复制到库里，而只是给文件建立了一个快捷方式而已，文件的原始路径不会改变，库中的文件也不会额外占用磁盘空间。库里的文件还会随着原始文件的变化而自动更新。这就大大提高了工作效率，管理那些散落在各个角落的文件时，再也不必一层一层打开它们的路径了，只需要把它添加到库中即可。

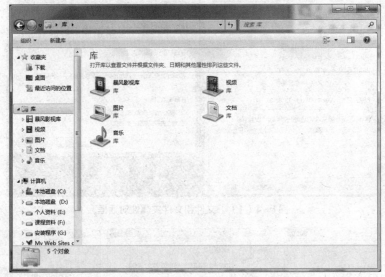

图 5-5（1） "库"的界面

微课：使用库

1. 库的创建

打开"资源管理器"，在导航栏里会看到"库"，既可以直接单击左上角的"新建库"，也可以在右边空白处右键单击一下，弹出的菜单里就有"新建"。给库取好名字，一个新的空白库就创建好了，如图 5-5（2）所示。

图 5-5（2） 新建库

接下来要做的就是把散落在不同磁盘的文件或文件夹添加到库中。鼠标右键单击"新建库"，在弹出的属性窗口里再单击"包含文件夹"，找到想添加的文件夹，选中它，单击"包含文件夹"就可以了。重复这一操作，就可以把很多文件加入到库中了，如图 5-5（3）所示。

现在，打开"新建库"，我们会发现刚才添加的文件夹在库里已经显示出来了，大家可以看到，这些文件来自不同的位置，如图 5-5（4）所示。

图 5-5（3） 把常用文件包含在库中

图 5-5（4） 库中索引建立

2．库的分类筛选

打开库，在右边的菜单栏找到"排列方式"，下拉菜单里提供了修改日期、标记、类型、名称这 4 种排列方式进行分类管理文件。如果库比较庞大复杂，可以借助右上角的"搜索"功能在库中快速定位到所需文件，如图 5-5（5）所示。

图 5-5（5） 分类管理和快速定位

3. 库的共享

打开库，右键单击该库，菜单里找到"共享"，在子菜单里有 3 种选择：不共享、共享给家庭组（可以给予该家庭组读取甚至写入的权限）、共享给特定用户。当然，这个家庭组和用户首先应该处于该局域网中，如图 5-5（6）所示。

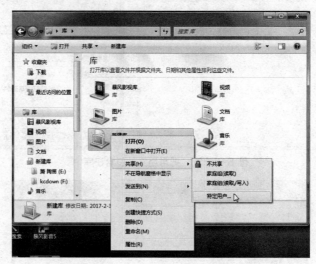

图 5-5（6） 共享文件设置

反过来，局域网的共享文件，如何添加到自己的库中呢？必须先将其设置为脱机属性。在"开始"菜单的"搜索程序和文件"里输入"网络"，单击搜索结果中的"网络"链接，就可以直接访问局域网。找到要添加到库中的文件夹，右键选择"始终脱机可用"，设置完成后，就可以像添加本地文件夹一样添加它了。

任务实施

微课：文件任务实施

1. 创建文件夹和文件

在 D 盘根目录创建一个个人文件夹，名称为"实际姓名"，然后在个人文件夹中创建 3 个子文件夹，分别取名为 first、second、third。

在文件夹 second 中新建 3 个文件：文本文件 f1.txt，word 文件 f2.docx，位图文件 f3.bmp。

操作方法：打开"计算机"，进入 D 盘，右键单击空白处，选择"新建"→"文件夹"，依次新建 first、second、third 三个文件夹。双击打开 second 文件夹，右键单击空白处，选择"新建"→"文本文档"，以相同方法分别新建 f1.txt、f2.docx、f3.bmp 文件。（方法不唯一。）

2. 复制、移动、重命名文件夹和文件

把文件夹 second 中的两个文件 f1.txt、f2.docx 复制到文件夹 third 中。把文件夹 third 中的文件 f1.txt 改名为"blank.htm"，把文件 f2.docx 改名为"宣传画册.docx"。把"宣传画册.docx"文件移动到文件夹 frist 中。

操作方法：选中 f1.txt、f2.docx 文件，右键单击"复制"，打开 third 文件夹，空白处右键单击"粘贴"。选中 third 中文件 f1.txt，右键单击"重命名"，改为"blank.htm"，用同样方法将文件 f2.docx 改名为"宣传画册.docx"。右键单击"宣传画册.docx"，选择"剪切"，打开 first 文件夹，右键单击"粘贴"，完成移动。

3．创建快捷方式

为文件夹 first 中的文件"宣传画册.docx"在个人文件夹中建立快捷方式，命名为"企划案"。为文件夹 second 中的图形文件 f3.bmp 建立快捷方式，保存在 first 中，并命名为"桌面"。

操作方法：打开 first 文件夹，右键单击"宣传画册.docx"，选择"创建快捷方式"，右键单击该快捷方式图标，选择"重命名"，命名为"企划案"。打开文件夹 second，右键单击图形文件 f3.bmp，选择"创建快捷方式"，右键单击该快捷方式图标，选择"重命名"，命名为"桌面"，右键单击该快捷方式，选择"剪切"，回到 first 文件夹中，右键单击"粘贴"，完成操作。

4．删除和还原文件或文件夹

删除文件夹 second 中的文件 f1.txt 和 f3.bmp，然后在回收站中把文件 f3.bmp 还原。

操作方法：进入 second 文件夹中，右键单击 f1.txt，选择"删除"，选中 f3.bmp，单击<Delete>键删除。进入回收站，右键选择 f3.bmp 文件，单击"还原"。

5．搜索和保存文件或文件夹

搜索 C 盘下 Windows 字节数在 200kb 以下的.gif 图像文件，并将所有的搜索结果复制到 D 盘个人文件夹中的 first 文件夹中。

操作方法：打开"计算机"，进入 C 盘 Windows 文件夹下，在搜索框中输入"*.gif"，大小为"<200kb"，搜索完毕，单击菜单栏上的"保存搜索"，弹出"另存为"对话框，确定好路径为 D 盘下 first 文件夹，单击"保存"按钮。

课后练习

1．在 D 盘根目录下建立一个"student"文件夹，在"student"文件夹中建立两个文件夹"stu1""stu2"。

2．在"student"文件夹中建立文本文件"study.txt"，文件的内容包括自己的学号、姓名和籍贯。

微课：课后练习

3．将"student"文件夹中的文件"study.txt"分别复制到"stu1""stu2"两个文件夹中，将"stu1"文件夹中的"study.txt"重命名为"自我简介.txt"，将"stu2"文件夹中的"study.txt"属性设置为"只读"和"隐藏"。

4．在 C 盘中查找以字母 a 开头，以字母 t 结尾的，扩展名为.dll 的文件并将其复制到"stu2"文件夹中。

5．查找 C 盘 Windows 文件夹中的所有位图文件（扩展名为.bmp），并将其复制到 D 盘的"student"文件夹下。

任务 6　文字录入

任务描述

小刘最近重装了系统，由于刚安装好系统，系统集成的输入法使用得不习惯，有些像五笔之类的输入法也不需要，还是习惯使用第三方输入法，想要更改或删除系统自带的输入法，为了在切换输入法的时候更加简单方便，可以利用系统设置来更改和删除输入法。下面介绍一下在 Windows 7 中更改或删除输入法的方法。该任务的操作如下。

1. 输入法安装与卸载
2. 输入法的设置
3. 了解输入法使用技巧

相关知识

6.1 设置汉字输入法

6.1.1 汉字输入法分类

中文输入法，又称为汉字输入法，是指为了将汉字输入计算机或手机等电子设备而采用的编码方法，是中文信息处理的重要技术。汉字输入法主要包括音码、形码、音形码、无理码，以及手写、语音录入等方法，广义的输入还包括用于速写记录的速录机等。

1．拼音输入法

拼音输入法采用汉语拼音作为编码方法，包括全拼输入法和双拼输入法。流行的输入法软件以智能 ABC、中文之星新拼音、微软拼音、拼音之星、紫光拼音、拼音加加、搜狗拼音、智能狂拼和谷歌拼音、百度输入法、必应输入法等为代表。

2．形码输入法

形码输入法是依据汉字字形，如笔画或汉字部件进行编码的方法。最简单的形码输入法是 12345 五笔画输入法，广泛应用在手机等手持设备上。计算机上形码广泛使用的有五笔字型输入法、郑码输入法。流行的形码输入法软件有 QQ 五笔、搜狗五笔、极点中文输入法等。

3．音形结合码

音形码输入法是以拼音（通常为拼音首字母或双拼）加上汉字笔画或者偏旁为编码方式的输入法，包括音形码和形音码两类。代表输入法有二笔输入法、自然码和拼音之星输入法等。流行的输入法软件有超强两笔输入法、极点二笔输入法、自然码输入法软件等。

4．内码输入法

在中文信息处理中，要先决定字符集，并赋予每个字符一个编号或编码，称作内码。而一般的输入法，则是以人类可以理解并记忆的方式为每个字符编码，称作外码。内码输入法是指直接通过指定字符的内码来输入。但因内码并非人所能理解并记忆，且不同的字符集就会有不同的内码，因此，这并非一种实际可用的输入法。国内使用的内码输入法系统主要有国标码（如 GB 2312、GBK、GB 18030 等）、GB 区位码和 GB 内码。

6.1.2 汉字输入法的安装与卸载

输入法是每台计算机上必备的软件，装完系统后会有几个默认的输入法，但是这些默认输入法却很不好用，所以大多数人都是下载输入法。下面就来介绍下输入法的详细设置操作。

1．打开输入法设置对话框的两种方法

微课：输入法设置

（1）进入 Windows 7 控制面板，找到"区域和语言"，并单击进入，在"区域和语言"设置对话框中，切换到"键盘和语言"选项卡，然后再单击"更改键盘"按钮，出现"文本服务和输入语言"对话框，如图 6-1（1）所示。

（2）右击任务栏上的"输入法"图标，在弹出菜单中单击"设置"，就会弹出"文本服务和输入语言"对话框。

2．默认输入法设置

打开"文本服务和输入语言"对话框之后，就可以进行输入法的安装与卸载了。如果要使用第三方输入法，可以先到网络上下载安装，再进行设置。下面以"搜狗输入法"为例，介绍如何设置默认输入法。

（1）在"文本服务和输入语言"对话框中单击"添加"，选择"搜狗输入法"，如图 6-1（2）所示。同样，要删除某输入法，只要在"已安装的服务"中选中该输入法，单击"删除"即可。在此界面中还可以调整各种输入法的顺序，查看输入法属性。

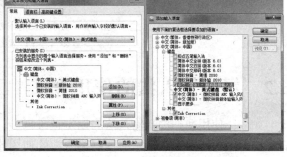

图 6-1（1） 输入法设置对话框打开方式　　　　图 6-1（2） 添加输入法

（2）在"默认输入语言"中选择"搜狗输入法"，单击"确定"。回到"区域和语言"选项界面，选择"管理"选项卡，单击"复制设置"，出现"欢迎屏幕和新的用户账户设置"对话框，将"当前设置复制到"下的两项内容选中，单击"确定"，即可将"搜狗输入法"设置为默认输入法，如图 6-1（3）所示。

3．语言栏设置

在"语言栏"选项卡中可以进行语言栏显示方式的设置，如图 6-1（4）所示。主要有以下显示内容："悬浮于桌面上""停靠于任务栏""隐藏""非活动时，以透明状态显示语言栏""在任务栏中显示其他语言栏图标""在语言栏上显示文本标签"。

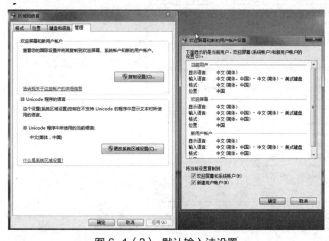

图 6-1（3） 默认输入法设置　　　　　　　图 6-1（4） 语言栏设置

4．高级键设置

在"高级键设置"选项卡中，可以对英文大小写快捷键进行设置，也可以对输入法快捷键切换进行自定义，如图 6-1（5）所示。

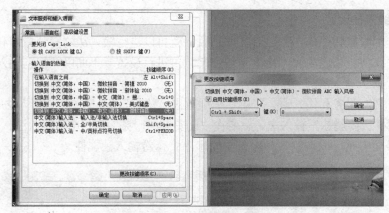

图 6-1（5） 高级键设置

6.2 汉字输入法的使用方法

如今，使用搜狗拼音输入法的朋友越来越多，也有很多人在使用的过程中会遇到这样或者那样的问题。那么怎样才能提高输入法的使用效率呢？下面就以搜狗输入法为例，介绍下汉字输入法的使用方法。

1．切换输入法

将鼠标指针移到要输入的地方，单击一次，使系统进入到输入状态，然后按<Ctrl+Shift>组合键切换输入法，按到搜狗拼音输入法出来即可。也可以将搜狗输入法设置为默认输入法。

2．翻页

搜狗拼音输入法默认的翻页键是"逗号（，）句号（。）"，即输入拼音后，按句号（。）进行向下翻页选字，相当于<PageDown>键，找到所选的字后，按其相对应的数字键即可输入。输入法默认的翻页键还有"减号（－）等号（＝）""左右方括号（[]）"，可以通过"属性设置"→"按键"→"翻页按键"来进行设定，如图 6-2（1）所示。

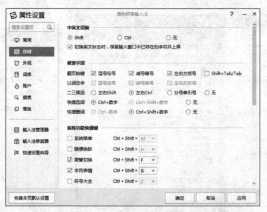

图 6-2（1） 搜狗输入法的设置

3．中英文切换

输入法默认是按下<Shift>键就切换到英文输入状态，再按一下<Shift>键就会返回中文状态。用鼠标单击状态栏上面的中字图标也可以切换。除了<Shift>键切换以外，搜狗输入法也支持回车输入英文，和 V 模式输入英文。

4．候选词个数

可以通过在状态栏上面右击，选择快捷菜单里的"属性设置"→"外观"→"候选项数"来修改，选择范围是 3～9 个，如图 6-2（2）所示。

图 6-2（2） 候选词个数设置

5．固定首字和关键字搜索

搜狗可以实现把某一拼音下的某一候选项固定在第一位——固定首字功能。输入拼音，找到要固定在首位的候选项，鼠标悬浮在候选字词上之后，有固定首位的菜单项出现。

搜狗拼音输入法在输入栏上提供"搜索"按钮，候选项悬浮菜单上也提供"搜索"选项，输入搜索关键字后，按"上下键"选择你想要搜索的词条之后，单击"搜索"按钮，搜狗即会提供出搜索结果，如图 6-2（3）所示。

图 6-2（3） 首字与搜索功能

6．生僻字输入

搜狗输入法提供了便捷的拆分输入，化繁为简，生僻的汉字可轻易输出，直接输入生僻字的组成部分的拼音即可，如图 6-2（4）所示。

图 6-2（4） 生僻字拆分输入法

7．表情&符号输入

搜狗输入法提供了丰富的表情、特殊符号库以及字符画，不仅在候选上可以选择，还可以单击上方提示，进入表情&输入专用面板，随意选择自己喜欢的表情、符号、字符画，如图 6-2（5）所示。

图 6-2（5） 表情&符号

8．输入法规则

全拼输入是拼音输入法中最基本的输入方式。只要用<Ctrl+Shift>组合键切换到搜狗输入法，在输入窗口输入拼音即可输入。

简拼是输入声母或声母的首字母来进行输入的一种方式，有效地利用简拼，可以大大地提高输入的效率。搜狗输入法现在支持的是声母简拼和声母的首字母简拼。例如：输入"张靓颖"，只要输入"zhly"或者"zly"都可以输入"张靓颖"。

同时，搜狗输入法支持简拼全拼的混合输入，例如：输入"srf""sruf""shrfa"都是可以得到"输入法"的。

双拼是用定义好的单字母代替较长的多字母韵母或声母来进行输入的一种方式。例如：如果 T=t，M=ian，键入两个字母"TM"就会输入拼音"tian"。使用双拼可以减少击键次数，但是需要记忆字母对应的键位，熟练之后效率会有一定提高。

模糊音是专为容易混淆某些音节的人所设计的。当启用了模糊音后，例如 sh<-->s，输入"si"也可以出来"十"，输入"shi"也可以出来"四"。

9．繁体输入

将状态栏上面右键菜单里的"简->繁"选中即可进入到繁体中文状态。再单击一下即可返回到简体中文状态。

10．U 模式笔画输入

U 模式是专门为输入不会读的字所设计的。在按<U>键后，依次输入一个字的笔顺，笔顺为：H 横、S 竖、P 撇、N 捺、Z 折，就可以得到该字，同时小键盘上的 1、2、3、4、5 也代表 H、S、P、N、Z。其中点也可以用 D 来输入，如树心的笔顺是点点竖（NNS），而不是竖点点。

11．笔画筛选

笔画筛选用于输入单字时，用笔顺来快速定位该字。使用方法是输入一个字或多个字后，按下<Tab>键（<Tab>键如果是翻页的话也不受影响），然后用 H 横、S 竖、P 撇、N 捺、Z 折依次输入第一个字的笔顺，一直找到该字为止，如图 6-2（6）所示。

图 6-2（6） 笔画筛选

12．V 模式

V 模式中文数字是一个功能组合，包括多种中文数字的功能。只能在全拼状态下使用。

（1）中文数字金额大小写：例如输入"v424.52"，输出"肆佰贰拾肆元伍角贰分"。

（2）罗马数字：输入 99 以内的数字例如"v12"，输出"XII"。

（3）年份自动转换：例如输入"v2008.8.8"或"v2008-8-8"或"v2008/8/8"，输出"2008年 8 月 8 日"。

（4）年份快捷输入：输入"v2016n12y25r"，输出"2016 年 12 月 25 日"。

13．插入日期

输入法内置的插入项如下。

（1）输入"rq"（日期的首字母），输出系统日期"2017 年 12 月 28 日"。

（2）输入"sj"（时间的首字母），输出系统时间"2017 年 12 月 28 日 19:19:04"。

（3）输入"xq"（星期的首字母），输出系统星期"2017年12月28日星期四"。

14. 拆字辅助码

拆字辅助码快速定位到一个单字，使用方法如下。

例如想输入一个汉字"娴"，但是非常靠后，找不到，那么输入"xian"，然后按下<Tab>键，再输入"娴"的两部分"女""闲"的首字母 nx，就可以看到只剩下"娴"字了。输入的顺序为"xian+<Tab>+nx"，如图6-2（7）所示。独体字由于不能被拆成两部分，所以独体字是没有拆字辅助码的。

图6-2（7） 拆字辅助码

任务实施

1. 打开"添加输入法"对话框，添加输入法"极点五笔输入法"。

操作方法：右键单击美式键盘，选择"设置"，在"常规"选项卡中单击"添加"，选择中文"极点五笔输入法"，单击"确定"。

2. 设置语言栏"悬浮于桌面上"，在非活动时，在语言栏上显示文本标签。设置切换到"极点五笔输入法"的组合键为<Ctrl+1>。

微课：输入法任务实施

操作方法：右键单击美式键盘，选择"设置"，选择"语言栏"选项卡，选择"悬浮于桌面上""在非活动时，在语言栏上显示文本标签"。选择"高级键设置"选项卡，选择"极点五笔输入法"，单击"更改按键顺序"，选择"启用按键顺序"，单击"确定"。

3. 将"极点五笔输入法"设置为默认输入法

操作方法：右键单击美式键盘，选择"设置"，在"常规"选项卡的"默认输入语言"中选择"极点五笔输入法"。打开控制面板"时钟、语言和区域"中的"区域和语言"，选择"管理"选项卡中的"复制设置"，选择"欢迎屏幕和系统账户""新建用户账户"，单击"确定"。

课后练习

1. 打开"添加输入法"对话框，添加输入法"美国英语–国际"。

2. 设置语言栏"悬浮于桌面上"，在非活动时，以透明状态显示语言栏。设置切换到"微软拼音输入法"的组合键为<左 Alt+Shift+0>。

微课：课后练习

3. 将"微软输入法"设置为默认输入法。

小结

本单元介绍了 Windows 操作系统的相关知识。其中任务4介绍了操作系统的概念、功能和 Windows 的发展史；Windows 7 操作系统的工作环境，以及如何进行个性化配置。任务5详细介绍了文件的概念，文件和文件夹的设置。任务6介绍了输入法的分类、安装与卸载以及使用方法与技巧等。通过本单元的学习，读者应能够利用 Windows 7 系统来熟练地完成日常工作。

Chapter 3 第 3 章 Word 2010 文档处理

Word 2010 是 Office 2010 办公软件的组件之一，主要用于文档处理，制作集文字、图像和数据于一身的各种图文并茂的文档，是目前文字处理软件中最受欢迎、用户最多的文字处理软件。下面我们将通过多个任务来认识一下 Word 2010，并掌握它的基本操作。

任务 7　输入和编辑会议记录

任务描述

今天下午，学院组织全体新生参加了军训动员大会。会议上，小明同学作为学生干部负责会议记录。为了能更多更完整地记录下会议信息，他用了简单的符号和一些省略，如图 7-1 左侧所示。会后，小明整理记录，在计算机里利用 Word 2010 相关功能完成会议记录的输入和编辑，完成后的参考效果如图 7-1 右侧所示。

动员大会	2017 级新生军训动员大会
时间：今天上午 9 点	时间：2017 年 4 月 13 日上午 9 点
地点：三楼会议室	地点：三楼会议室
1.军训时间：2 周	出席人：新生
2.军训地点：fy 操场	1.军训时间：2017-4-14 至 2017-4-28
3.军训内容：队伍排列报数立定稍息齐步走跑步正步等	2.军训地点：风雨操场
4.指导员及中队长：××××××××××	3.军训内容：队伍排列、报数、立定稍息、齐步走、跑步、正步等
会操时间：最后一天下午	4.指导员及中队长：××××××××××
出席人：新生	会操时间：2017-4-28 下午

图 7-1 “2017 级新生军训动员大会”文档效果

相关知识

7.1 认识 Word 2010

7.1.1 Word 2010 的启动与退出

1．启动 Word 2010

在计算机中安装好 Office 2010 后，便可以启动 Word 2010 程序了，常用的方法有如下 3 种。

- 单击任务栏左侧的“开始”按钮，在弹出的菜单中选择“所有程序”→“Microsoft Office”→“Microsoft Word 2010”，即可启动 Word 2010。
- 创建了 Word 2010 的桌面快捷方式后，双击桌面上的 Word 2010 快捷方式图标，可启动 Word 2010。

- 双击已创建的扩展名为.docx 的 Word 文档，可启动 Word 2010，并打开相应的 Word 文档内容。

2．退出 Word 2010

退出 Word 2010 的方法主要有以下 3 种。

- 在功能区中选择"文件"选项卡，单击左侧窗格的"退出"选项，选择"退出"命令。
- 单击 Word 2010 窗口标题栏最右侧的"关闭"按钮 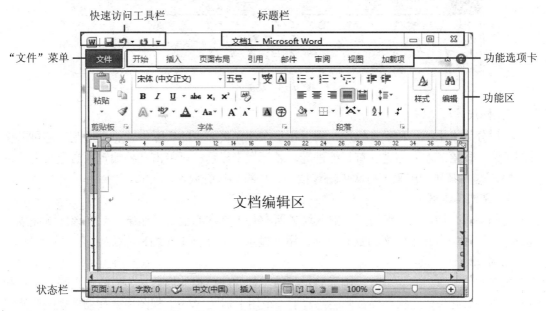。
- 单击 Word 2010 窗口左上角的"软件图标"按钮 ，在弹出的菜单中选择"关闭"命令。

7.1.2 Word 2010 的工作界面

启动 Word 2010 后即进入其操作界面，主要由标题栏、快速访问工具栏、功能选项卡、功能区、标尺、文档编辑区和状态栏等元素组成，如图 7-2 所示。

图 7-2 Word 2010 的工作界面

1．标题栏

标题栏位于 Word 2010 操作界面的最顶端，其中显示了当前编辑的文档名称和程序名称。标题栏的最右侧有 3 个窗口控制按钮，分别用于对 Word 2010 的窗口执行最小化、最大化/还原和关闭操作。

2．快速访问工具栏

快速访问工具栏用于放置一些使用频率较高的工具。默认情况下，该工具栏包含了"保存" 、"撤销" 和"重复" 按钮。用户还可自定义按钮，只需单击该工具栏右侧的 按钮，在打开的下拉列表中选择相应选项即可。另外，通过该下拉列表，我们还可以设置快速访问工具栏的显示位置。

3．功能选项卡

Word 2010 默认显示有开始、插入、页面设置、引用、邮件、审阅、视图、加载项 8 个功能选项卡，绝大部分命令集成在这几个功能选项卡中，这些选项卡相当于菜单命令，单击某个功能选项卡可显示相应的功能区，如图 7-3 所示。

图7-3 功能选项卡

4．功能区

功能区位于功能选项卡的下方，有许多自动适应窗口大小的工具栏，不同的工具栏中又放置了与此相关的命令按钮或列表框。如在"开始"选项卡对应的功能区包括剪贴板、字体、段落、样式、编辑等工具栏，如图7-4所示。

图7-4 功能区

5．标尺

标尺分为水平标尺和垂直标尺，用于指示字符在页面中的实际位置、页边距，还可以设置制表位、段落、左右缩进、首行缩进等。若标尺未显示，可单击文档编辑区右上角的"标尺"按钮 将其显示出来，再次单击该按钮，可将标尺隐藏。

6．文档编辑区

文档编辑区指输入和编辑文本的区域，所有关于文本的编辑操作结果都在该区域完成。在文档编辑区中有一个闪烁的鼠标光标，用于显示当前文档正在编辑的位置。

7．状态栏

状态栏位于窗口的最下方，用于显示当前文档的一些相关信息，如当前的页码、字数和输入状态等。此外，在状态栏右侧还包含了一组用于切换 Word 视图模式和缩放视图的按钮和滑块，如图7-5所示。

图7-5 状态栏

7.1.3 Word 2010 的视图模式

Word 2010 为用户提供了多种浏览文档的方式，并针对用户在查看和编辑文档时的不同需要，提供了页面视图、阅读版式视图、Web 版式视图、大纲视图和草稿视图五种视图模式。要切换不同的视图模式，可单击"视图"选项卡标签，然后单击"文档视图"组中的相应按钮，如图7-6所示。

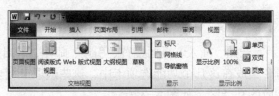

图7-6 视图模式切换按钮

（1）页面视图：页面视图是 Word 2010 默认的视图模式。该视图中显示的效果和打印效果完全一致，是我们编排文档最常见的模式。

（2）阅读版式视图：阅读版式视图适合于阅读长篇文档。如果文字比较多的话，会自动分成多屏，方便阅读。

（3）Web 版式视图：利用 Web 版式视图可以预览 Word 文档在 Web 浏览器中的显示效果。在该视图中，文档中的文本会自动换行以适应窗口的大小，而且文档的所有内容都会显示在同一页面中。

（4）大纲视图：大纲视图适用于具有多重标题的文档。使用大纲视图不仅可以直接编写文档标题、修改文档大纲，还可以分方便地查看文档的结构，以及重新安排文档中标题的次序。

（5）草稿视图：草稿视图是 Word 中最简化的视图模式，取消了页面边距、分栏、页眉页脚和图片等元素，适用于编辑内容和格式都比较简单的文档。

7.2 Word 文档的基本操作

Word 文档的基本操作主要包括新建文档、保存文档、打开文档以及关闭文档等操作。

1．新建文档

启动 Word 2010 后，系统会自动创建一个新的空白文档，可直接在文档编辑区内输入文档内容。若需再次新建一个空白文档，可用以下几种方法。

微课：新建保存 Word 文档

- 单击"文件"选项卡，选择"新建"选项，在中间窗格的"可用模板"列表框中出现"空白文档"图标，单击右侧"创建"按钮。
- 使用组合键<Ctrl+N>，可新建一个文档。
- 单击快速访问工具栏的"新建"按钮 ，可新建一个文档。

2．保存文档

Word 文档编辑完后，此时文档还驻留在计算机的内存中，需要对文档进行保存，以备日后使用，可用以下几种方法。

- 单击快速访问工具栏的"保存"按钮 。
- 单击"文件"选项卡，选择"保存"选项。
- 使用组合键<Ctrl+S>。

当新建文件第一次执行"保存"操作后，会弹出"另存为"对话框，如图 7-7 所示。在对话框左侧的资源管理器中单击所要选定的路径，在"文件名"输入框中输入新的文件名。单击"保存"按钮即可将文档保存到相应路径。

3．打开文档

不论用户是要编辑文档或是阅览文档，要执行这些操作就必须先要打开该文档。在 Word 2010 中打开文档的方法有以下几种。

- 打开存放 Word 文档的文件后，直接双击文档图标，系统将在启动 Word 的同时打开该 Word 文档。
- 单击"文件"选项卡中的"打开"命令，在"打开"对话框左侧的资源管理器中单击所要选定的磁器器，则对话框右侧的"名称"列表框就列出了该磁盘下包含的文件夹和文档。选择相应文档，单击"打开"按钮即可。

● 如果要打开最近使用过的文档，单击"文件"选项卡中的"最近所用文件"命令，就可以看到，如图 7-8 所示，单击相应文档即可打开文档。

图 7-7　"另存为"对话框

图 7-8　"最近所用文件"命令

4．关闭文档

关闭文档的方法有以下 3 种。

● 单击"文件"选项卡，选择"退出"选项。

● 单击窗口右上角的"关闭"按钮。

● 使用组合键<Alt+F4>。

7.3　文本的输入与编辑

掌握输入和编辑文本的方法是使用 Word 软件的基础。文本是 Word 文档中最重要的组成部分，新建一个文档后，可在其中输入需要的文本。在文档中输入文本内容后，通常还需要对其进行各种编辑操作，文本的输入和编辑是一体的。

微课：输入文档文本　**7.3.1　输入文本**

输入文档内容就是在 Word 2010 的"编辑区"中输入文本，文本包括字母、数字、符号和汉字等，文档的内容总是出现在闪烁的光标处，即文本插入点处。用户除了可以在文档中插入文字、标点等较为简单的内容之外，还可以在文档中插入各种不能利用键盘直接输入的特殊符号。

1．输入中文、英文和数字文本

在 Word 文档中输入文本内容时，首先需要激活文档，并将光标定位到要输入文本的位置，然后输入具体内容即可。

若要在文档中输入英文或者数字文本，可以直接利用键盘进行输入；而若要在文档中输入中文，则需要切换至中文输入法，然后再进行输入。

2．输入时间和日期

若要在 Word 文档中输入时间和日期，除了可以利用键盘直接输入之外，还可以 Word 提供的插入时间和日期功能来完成。

用户只需选择"插入"选项卡，并单击"文本"组中的"日期和时间"按钮。然后在弹出的"日期和时间"对话框中选择一种日期和时间格式，并单击"确定"按钮即可，如图 7-9 所示，如果勾选自动更新，则以后对该文档的修改将显示新的日期和时间。

3．输入符号

在 Word 文档中除了可以插入文本和一些简单的标点符号之外，还可以插入一些较为特殊的符号。选择"插入"选项卡里的符号工具栏中的"符号"→"其他符号"，打开"符号"对话框，如图 7-10 所示。选择一个符号，单击"确定"，即完成符号的输入。

图 7-9　插入日期

图 7-10　插入符号

7.3.2　选择文本

默认情况下，Word 文档中的文本以白底黑字的状态显示，而被选择的文本则以蓝色底纹的状态显示。用户在文档中的多数操作都只对被选中的文本有效，而在选择文本时，用户可以通过鼠标和键盘两种方法来进行。

微课：选择文本

1．利用鼠标

（1）选择文本。

利用鼠标选取文本内容是最为常用的方法，也是最为简单的方法。利用鼠标可以选取文档中的词组、行、段落等。

（2）选择词或词组。

如果用户只需要选择文档中的一个词或者词组，则将鼠标光标置于该词组的任意位置，然后进行双击即可选择该词组。

（3）选择一行。

将鼠标光标置于要选择行的最左侧，即选定栏位置，当光标变成指向左上角的箭头时，进行单击，即可选择该行。

（4）选择连续几行。

如果要选择的几行都在当前文档窗口中，常用的方法是将鼠标光标置于要选定文本的第一行选定栏处，按住鼠标左键不放，拖动至要选定的最后一行即可。

（5）选择整个段落。

将鼠标光标置于要选择段落左侧的任意位置，当光标变成指向右上角的箭头时，进行双击，即可选择该段落。

（6）选择矩形区域。

将鼠标光标置于要选定区域的一角，然后按住<Alt>键不放，拖动鼠标光标至矩形区域的对角，即可选择该区域。

（7）选择全部内容。

如果要选择文档中的全部内容，可以选择"开始"选项卡，单击"编辑"栏中的"选择"下拉按钮，执行"全选"命令。

2．利用键盘选择文本

使用键盘选定文本时，首先应将鼠标光标置于要选定文本的开始位置，然后再使用相应的组合键进行操作。其中，各组合键及其功能作用如表 7-1 所示。

表 7-1　使用键盘选择文本内容的组合键

组合键	功能
Shift+←	选择插入点左边的一个字符
Shift+→	选择插入点右边的一个字符
Shift+↑	选择到上一行同一位置之间的所有字符
Shift+↓	选择到下一行同一位置之间的所有字符
Shift+Home	选择到所在行的行首
Shift+End	选择到所在行的行尾
Ctrl+Shift+↑	选择到所在段落的开始处
Ctrl+Shift+↓	选择到所在段落的结束处
Ctrl+Shift+Home	选择到文档的开始处
Ctrl+Shift+End	选择到文档的结束处
Ctrl+A	选择整个文档

7.3.3　复制、移动和删除文本

1．复制文本

我们常常需要输入一些已经输入过的文本，使用复制文本的操作可以节省时间，同时减少重新输入造成的输入错误。复制文本的操作步骤如下。

（1）选定要输入的文本。

（2）右键单击选定的文本，选择"复制"命令，或者使用组合键<Ctrl+C>。此时所选定的文本的副本被临时保存在剪切板中。

（3）将插入点移动到要复制到的新位置。

（4）单击鼠标右键，选择"粘贴"命令，或者使用组合键<Ctrl+V>，则选定的文本被复制到指定的新位置上。

2．移动文本

在编辑文档时，我们经常需要将某些文本从一个位置移动到另一个位置，以调整文档的结构。移动文本的方法主要有两种。

方法一：同复制文本类似，只是将复制步骤（2）中的"复制"命令改为"剪切"命令，或者使用组合键<Ctrl+X>即可。

方法二：适用于所移动的文本比较短小，且要移动到的目标位置就在同一个屏幕中的情况，具体操作步骤如下。

（1）选定要移动的文本。

（2）将鼠标指针移动到所选定的文本，按住鼠标左键，此时鼠标指针下方会增加一个灰

色的矩形，并在箭头处出现一个虚竖线，它表明文本要插入的新位置。

（3）拖动鼠标指针前的虚插入点到要移动到的新位置，并松开鼠标左键，即完成了文本的移动。

3．删除文本

删除一个字符或一个汉字可以使用<Backspace>键或<Delete>键。其中<Backspace>键是删除插入点前一个字符或汉字，<Delete>键删除插入点后一个字符或汉字。

7.3.4　查找与替换文本

在文本编辑过程中，经常需要查找某些文字、或根据特定文字定位到文档某处、或替换文档中的某些文本，这些操作可通过"查找"或"替换"命令来实现。

（1）基本查找。

单击"开始"选项卡中"编辑"工具组中的"查找"按钮，或者按<Ctrl+F>快捷键，打开"导航"窗格，在搜索框中输入需要查找的文本，则需要查找的文本将在文档中高亮显示。

（2）高级查找。

单击"开始"选项卡中"编辑"工具组中的"查找"按钮右侧的下拉箭头，在打开的列表中选择"高级查找命令"，则打开"查找和替换"对话框，打开的选项卡为"查找"选项卡，如图7-11所示。在"查找内容"文本框中输入要查找的文本，或者单击文本框的下拉按钮，选择查找文本。单击"查找下一处"按钮，完成第一次查找，被查找到的文本将在文档中高亮显示。如果还要查找，继续单击"查找下一处"按钮。单击其他按钮可以设置查找选项。

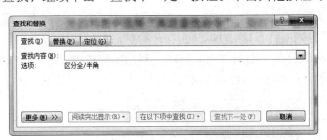

图7-11　"查找和替换"对话框中的"查找"选项卡

（3）替换。

若要替换查找到的文本内容，只需单击"编辑"工具组中的"替换"按钮，或者按<Ctrl+H>快捷键，则打开"查找和替换"对话框，打开的选项卡为"替换"选项卡，如图7-12所示。

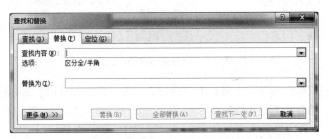

图7-12　"查找和替换"对话框中的"替换"选项卡

在该对话框的"查找内容"文本框中输入要被替换的文本，在"替换为"文本框中输入要替换的内容，单击"替换"或者"查找下一处"按钮即可。当查找到要替换的文本内容时，如果用户确定要进行替换操作，可以单击"替换"按钮；若不希望替换该文本内容，则可以单击"查找下一处"按钮继续查找；如果不需要进行确认而替换所有要查找的内容时，可以直接单击"全部替换"按钮。

任务实施

通过本节的学习，小明已经能够应用 Word 软件整理会议记录了，他的具体操作步骤如下。

（1）在桌面上鼠标右击，选择"新建"→"Microsoft Word 文档"，输入"新生军训动员大会"，保存，如图 7-13 所示。

微课：任务实施——
输入和编辑会议记录

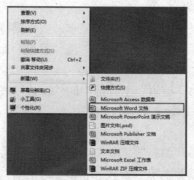

图 7-13　新建文档

（2）在文档中输入文档标题、时间、地点等文本，如图 7-1 左侧所示文本，再次保存文档。

（3）将插入符置于"动员大会"文本之前，输入"2017 级新生军训"字样。

（4）选中"今天"文字，按<Backspace>键删除，然后单击"插入"选项卡上"文本"组中的"日期和时间"按钮 ，在打开的对话框中选择第 2 种日期格式，单击"确定"按钮在文档中插入日期，如图 7-14 所示。利用鼠标选中"2 周"文字，按<Backspace>键删除，输入"2017-4-14 至 2017-4-28"。

图 7-14　在文档中插入时间

（5）选中"出席人：新生"，将鼠标指针移动至其上方，此时鼠标指针显示为 ，如图 7-15 左图所示。按住鼠标左键拖动，至目标位置时释放鼠标，所选文本即被移动到了目标位置，原位置不再保留移动的文本，如图 7-15 右图所示。

（6）将插入符定位在文档开始处，单击"开始"选项卡上"编辑"组中的"替换"按钮，打开"查找和替换"对话框的"替换"选项卡。在"查找内容"编辑框中输入"fy"，在"替换为"编辑框中输入"风雨"，单击"全部替换"按钮，完成替换，如图 7-16 所示。同样操作，将"最后一天"替换成"2017-4-28"。最后，将插入符分别定位在"队伍排列""报数"

84

"立定稍息""齐步走""跑步"后方，利用键盘输入顿号"、"，然后保存文档，效果如图 7-1 右图所示。

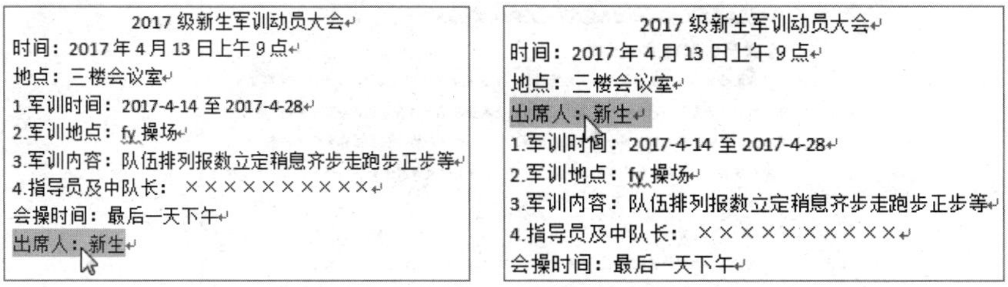

图 7-15 移动文本"出席人：新生"

图 7-16 替换操作

课后练习

Word 编辑操作练习。

1. 在 D 盘中新建文件夹"WORD 练习"。

2. 打开 Word 2010，在 Word 中输入如图 7-17 所示的一段文字。输入完毕，以文件名"滑雪场.doc"保存到文件夹"WORD 练习"中。

答案：课后练习——

Word 编辑操作

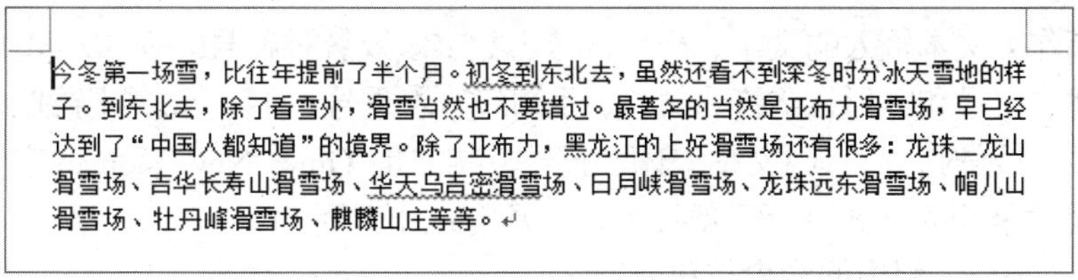

> 今冬第一场雪，比往年提前了半个月。初冬到东北去，虽然还看不到深冬时分冰天雪地的样子。到东北去，除了看雪外，滑雪当然也不要错过。最著名的当然是亚布力滑雪场，早已经达到了"中国人都知道"的境界。除了亚布力，黑龙江的上好滑雪场还有很多：龙珠二龙山滑雪场、吉华长寿山滑雪场、华天乌吉密滑雪场、日月峡滑雪场、龙珠远东滑雪场、帽儿山滑雪场、牡丹峰滑雪场、麒麟山庄等等。

图 7-17 文档信息

3. 给文档添加一个标题："滑雪场"；从"到东北去，除了……"开始分一个段落；删除掉"帽儿山滑雪场、"文字信息，并将"龙珠二龙山滑雪场、"移动到"吉华长寿山滑雪场、"之后。

4. 将文中"滑雪场"替换为"人工滑雪场"。

5. 将文件以新的文件名"人工滑雪场"存入"WORD 练习"中。

任务 8　制作旅游公司简介文档

任务描述

小明利用暑假在一家旅游公司实习，最近公司为了重新提高形象，吸引游客，希望对之前原有的公司简介文字进行美化，小明得知后自告奋勇地提出负责改善和美化原有的公司简介。图 8-1 所示为美化后的效果。

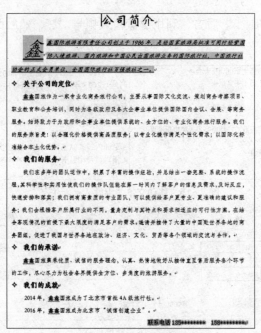

图 8-1　旅游公司简介文档效果图

相关知识

8.1　字符格式化

8.1.1　设置字符格式

字符是指作为文本输入的文字、标点符号、数字以及各种符号。在 Word 中，字符格式主要包括字体、字号和字形，字符的颜色、下划线、着重号、上下标、删除线、间距等效果。Word 在创建新文档时，默认中文是宋体、五号，英文是 Times New Roman 字体、五号。用户可根据需要对字符的格式进行重新设置，方法有以下几种。

1．使用"字体"组中的命令按钮

单击"开始"选项卡，打开该选项卡下的功能组，其中"字体"组包含了部分设置字符格式化的命令按钮，如图 8-2 所示。选中文本，单击相关按钮，即可设置文字格式。

2．使用浮动工具栏

"浮动工具栏"是一个方便用户快速设置文本格式的工具栏。当用户选择文本后在其上面稍微向上移动一下鼠标指针或在选择的文本上单击鼠标右键都会弹出"浮动工具栏"，如图 8-3 所示。在浮动工具栏中可设置文本的字体、字形、字号、对齐方式和文本颜色等属性。

图 8-2　"开始"选项卡的"字体"功能组

图 8-3　浮动工具栏

3．使用"字体"对话框

如果通过"字体"功能组和"浮动工具栏"都不能满足设置字体的要求，可以单击"字体"工具组右下角的按钮 ，打开"字体"对话框，进行更丰富、详细的字符格式设置。

"字体"对话框中有"字体"和"高级"两个选项卡。在"字体"选项卡中可以进行字体、字号、字形、颜色、下划线、着重号和一些特殊效果的设置等，如图 8-4 所示；在"高级"选项卡中可以设置字体的缩放、间距和位置等属性，如图 8-5 所示。

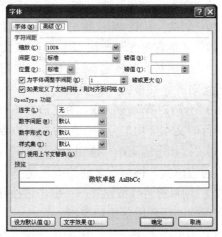

图 8-4 "字体"对话框的"字体"选项卡　　图 8-5 "字体"对话框的"高级"选项卡

8.1.2 复制和清除字符格式

对文本已经设置好的格式可以复制到另一部分文本上，使其具有同样的格式。如果对设置好的格式不满意，也可以清除它。

1．格式的复制

选定需要复制格式的文本对象，单击"开始"选项卡下的"剪贴板"组中的"格式刷"按钮 ，将鼠标指针移动到需要应用这种格式的目标文本开始处，拖选要设置格式的文字，放开鼠标左键，即完成该格式的应用。格式刷功能马上取消，只能刷一次，如果想多次使用，就双击"格式刷"按钮，就可以多次应用格式刷，直到重新单击"格式刷"按钮取消格式刷功能。

2．格式的清除

如果对于所设置的格式不满意，那么，可以清除所设置的格式，恢复到 Word 的默认状态。选定要清除格式的文本，单击"开始"选项卡下"字体"组中的"清除格式"按钮 ，就可以将设置好的格式清除掉。

8.2 段落格式化

在 Word 中，段落是文档的基本组成单位。段落格式主要包括段落对齐、段落缩进、行距、段间距和段落的修饰等。设置段落格式可以使文档的结构清晰、层次分明、便于阅读。当需要对某一段落进行格式设置时，只需将鼠标光标定位到该段落中的任何一个位置，如果设置多个段落，则需要同时选中这些内容。

设置段落格式可通过"开始"选项卡下的"段落"功能组工具、浮动工具栏和"段落"对话框来实现。

1．使用"段落"组中的命令按钮

选择段落后，在"开始"选项卡下的"段落"功能组中单击相应的按钮，如图 8-6 所示，即可设置相应的段落格式。

图 8-6 "段落"功能组

"段落"功能组中各选项参数介绍如下。

（1）"文本左对齐"按钮 ：单击该按钮可使段落文本与页面左边距对齐。

（2）"居中"按钮 ：单击该按钮可使段落文本居中对齐。

（3）"文本右对齐"按钮 ：单击该按钮，使段落与页面右边距对齐。

（4）"两端对齐"按钮 ：单击该按钮，使段落除最后一行外的所有文本同时与左边距和右边距对齐，并根据需要增加或缩小字间距。

（5）"分散对齐"按钮 ：单击该按钮可使文本左右两端对齐。与"两端对齐"不同的是，不满一行的文本会均匀分布在左右文本边界之间。

（6）"行和段落间距"按钮 ：单击该按钮，在其下拉列表框中可以选择段落中每行的磅值，磅值越大，行与行之间的间距越宽，也可以增加段与段之间的距离。

（7）"项目符号"按钮 ：单击该按钮，在其下拉列表框中选择项目符号的样式，使文档中出现的同级别段落更加突出。

（8）"编号"按钮 ：单击该按钮，在其下拉列表框中选择编号样式，使文档中的要点更加清晰。

2．使用"浮动工具栏"设置段落格式

使用"浮动工具栏"设置段落格式方便、快捷。当选择段落后或在选定的段落上单击鼠标右键，都会弹出"浮动工具栏"，如图 8-3 所示，其中用于设置段落格式的按钮有"居中按钮" 、"增加缩进量"按钮 和"减少缩进量"按钮 ，单击"增加缩进量"按钮和"减少缩进量"按钮，可改变段落与左边界的距离。

3．使用"段落"对话框

使用"段落"对话框可以设置更多的段落格式，而且可以精确地设置段落的缩进方式，段落间距以及行距等。将鼠标光标定位在需要设置段落格式的段落，然后单击"开始"选项卡下"段落"工具组右下角的按钮 ，打开"段落"对话框，在该对话中有 3 个选项卡，如图 8-7 所示。

图 8-7 "段落"对话框

（1）缩进和间距。

● 常规

主要用来设置段落的水平对齐方式。对齐方式分为水平对齐和垂直对齐，水平对齐用来设置该段落在页面水平方向上的排列方式，垂直对齐用来设置文档中未排满页的排列情况。这里的对齐方式仅设置水平对齐方式，分为两端对齐、左对齐、右对齐、居中对齐和分散对齐 5 种，如图 8-8 所示；而垂直对齐方式需要在页面里完成。

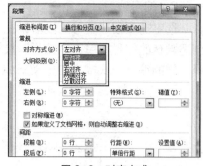

图 8-8　对齐方式

● 缩进

缩进主要用来调整一个段落和边距之间的距离。分为左缩进、右缩进、首行缩进、悬挂缩进等四种。左（右）缩进指段落的左（右）侧与左（右）边界之间的距离；首行缩进指段落的首行向右缩进；悬挂缩进指段落中除了首行以外的所有行的左边距向右缩进。

● 间距

间距包括段间距和行间距。段间距指相邻两个段落之间的间隔，包括"段前"和"段后"间距。而行距指一个段落内行与行之间的间隔，包括单倍行距、1.5 倍行距、2 倍行距、最小值、固定值、多倍行距，如设置 1.2 倍行距，则选择多倍行距，在设置值中输入 1.2。

（2）换行和分页

Word 是自动分页的，但为了排版的需要，Word 也为段落提供了"孤行控制""与下段同页""段中不分页""段前分页""取消行号""取消断字"等功能。

● 孤行控制：防止在页面顶部打印段落末行或者在页面底部打印段落首行。
● 与下段同页：防止在所选定段落与后一段落之间出现分页符。
● 段中不分页：防止在段落中出现分页符，即所选段落打印在一页上。
● 段前分页：使选定段落直接打印在新的一页上。
● 取消行号：防止选定段落旁边出现行号。此设置对未设置行号的文档或节无效。
● 取消断字：防止段落自动断字。自动断字是 Word 为了保持文档页面的整齐，在行尾的单词由于太长而无法完全放下时，会在适当的位置将该单词分成两部分，并在行尾使用连接符进行连接的功能。

（3）中文版式

中文版式可对中文文稿的特殊版式进行设置，使得编辑更符合中国人的习惯，如按中文习惯控制首尾字符等。

8.3　项目符号和编号

项目符号是指在文档中具有并列或层次结构的段落前添加统一的符号，编号是指在这些段落前添加号码，号码通常是连续的。给文档添加项目符号和编码可以使文档的结构更加清晰、层次更加分明。

1．项目符号

位于"开始"选项卡里的"段落"工具组里。选择需要设置项目符号的段落，单击"项目符号"按钮旁边的下拉按钮，打开"项目符号"下拉列表，在其中可选择不同的项目符号样式，如图 8-9 所示，或者定义新项目符号。

2. 编号

选定需要创建编号的段落，在"开始"选项卡的"段落"组中单击"编号"按钮，即可创建默认的编号。单击"编号"按钮旁边的下拉按钮，打开"编号"下拉列表，在其中可选择不同的编号样式或者自定义新编号格式，如图 8-10 所示。

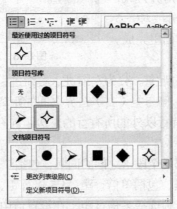

图 8-9　项目符号插入图　　　　　图 8-10　编号设置

8.4　边框和底纹

边框和底纹是美化文档的重要方式之一，在 Word 中可以给某些重要段落或文字添加边框和底纹，使其更为突出和醒目。

单击"开始"选项卡"段落"功能组中"边框"按钮右侧的下拉按钮，在弹出的下拉列表中选择"边框和底纹"命令，弹出"边框和底纹"对话框。

在"边框"选项卡中可设置边框的形式、样式、颜色、宽度等。

在"底纹"选项卡中可为选定的段落或文字添加底纹的填充色和图案等，如图 8-11 所示。

在"页面边框"选项卡中，可以设置页面边框的形式、样式、颜色、宽度、艺术型等。

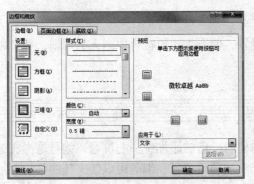
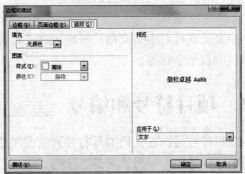

图 8-11　"边框和底纹"对话框

8.5　分栏排版和首字下沉

分栏排版和首字下沉是常见的页面排版方式。分栏排版式的文档页面显得更加生动、活泼，同时增加了可读性。使用首字下沉来代替首行缩进，能够使内容更醒目。

8.5.1 分栏排版

分栏是将文档中的一段或多段文字内容分成多列显示。分栏后的文字内容在文档中是单独的一节，而且每一栏也可以单独进行格式设置。

设置分栏时，首先要选定需要分栏的文字内容，单击"页面布局"选项卡的"页面设置"工具组中的"分栏"命令下拉按钮，弹出"分栏"下拉列表框，选择需要的分栏数即可，如图 8-12 所示。如果要自定义分栏，在"分栏"下拉列表框中选择"更多分栏"命令，弹出"分栏"对话框，如图 8-13 所示。在"分栏"对话框中，根据需要设置栏数、栏宽度、栏间距以及是否在栏间加分割线等，最后在"应用于"下拉列表框中选择应用范围。

图 8-12 "分栏"下拉列表

将选定文本设置为"两栏"，加入分割线后的效果如图 8-14 所示。

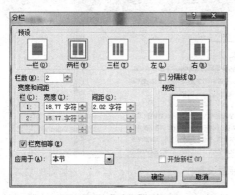

图 8-13 "分栏"对话框

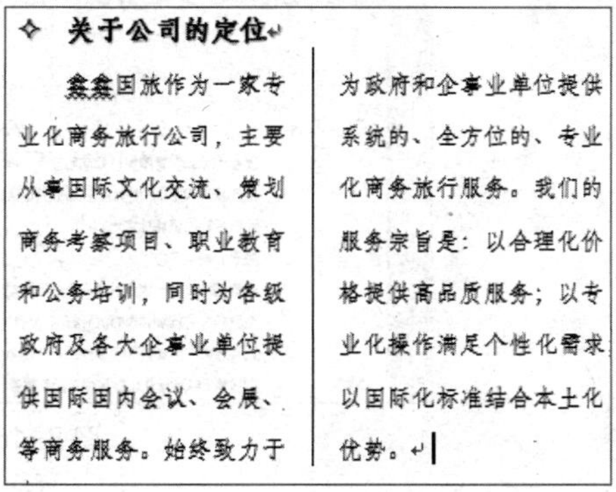

图 8-14 分栏后的效果

8.5.2 首字下沉

首字下沉是指段落中的第一个字符放大后显示，并下沉到下面的几行中。这种排版方式在各种报刊和杂志上随处可见，起到提醒或引人注意的效果。

可将插入点移动到需要设置首字下沉的段落中。单击"插入"选项卡的"文本"组中的"首字下沉"下拉按钮，在下拉列表框中选择下沉方式；单击"首字下沉选项"，打开"首字下沉"对话框，可以进一步设置首字下沉的格式。

任务实施

小明利用自己所掌握的 Word 知识，对原有的公司简介文字进行美化，具体操作如下。

（1）打开文档：启动 Word 2010，单击"文件"→"打开"，浏览"素材"→"任务实施"文件夹，选中"公司简介"文档，单击"打开"，如图 8-15 所示。

微课：任务实施——
设置文本和段落格式 1

（2）选中第一段标题内容"公司简介"，在"开始"选项卡的"字体"工具组中选中字体为华文新魏，大小为小一，在"段落"工具组中选择水平对齐方式为居中对齐，如图 8-16 所示。

图 8-15　打开"公司简介"文档

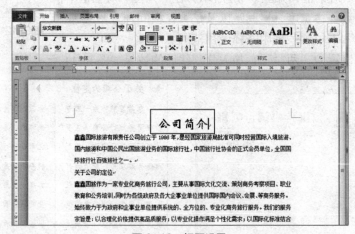

图 8-16　标题设置

（3）选中正文第一段文本内容，在"开始"选项卡"字体"工具组中单击右下角的"其他"按钮，打开"字体"对话框，在该对话框中设置中文字体为"楷体"，大小为五号，字形为倾斜，单下划线，如图 8-17 所示；在"开始"选项卡"段落"工具组单击右下角的"其他"按钮，打开"段落"对话框，在该对话框中设置首行缩进 2 个字符，段前设置 1 行，行距为1.5 倍，如图 8-18 所示。

图 8-17　第一段字体设置

图 8-18　第一段段落设置

在"开始"选项卡的"字体"工具组中单击"字符底纹"按钮 A，给文本添加灰色底纹，最终效果如图 8-19 所示。

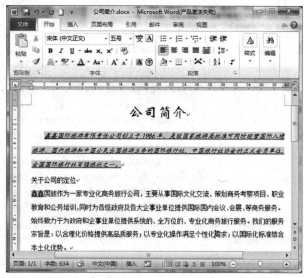
图 8-19 第一段显示效果

（4）选中第二段文本内容，"字体"对话框中设置中文字体为"仿宋"，大小为小四，字形为加粗；在"开始"选项卡的"字体"工具组中选中单击"文本效果"按钮 A·，选择"阴影""外部""右下倾偏移"，如图 8-20 所示。

选中第三段文本内容，在"字体"对话框中设置中文字体为"仿宋"，大小为五号；在"段落"对话框中设置首行缩进 2 个字符，效果如图 8-21 所示。

图 8-20 第二段显示效果图

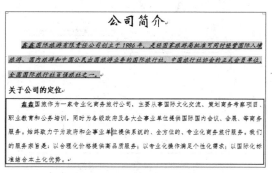
图 8-21 第三段显示效果

（5）选中第二段文本内容，在"开始"选项卡的"段落"工具组中单击"项目符号"的下拉按钮，选择符号◇，如图 8-22 所示。用鼠标选中第二段内容，双击"剪贴板"中的"格式刷"复制格式，再分别选中第四、六、八段内容，即可将第二段格式复制到第四、六、八段，按<Esc>键取消格式刷应用。用同样方法，将第三段格式分别复制到第五、七、九、十段。最终效果如图 8-23 所示。

微课：任务实施——
设置文本和段落格式 2

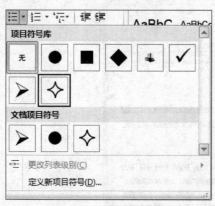

图 8-22　项目符号的设置

✧ 关于公司的定位

鑫鑫国旅作为一家专业化商务旅行公司，主要从事国际文化交流、策划商务考察项目、职业教育和公务培训，同时为各级政府及各大企事业单位提供国际国内会议、会展、等商务服务。始终致力于为政府和企事业单位提供系统的、全方位的、专业化商务旅行服务。我们的服务宗旨是：以合理化价格提供高品质服务；以专业化操作满足个性化需求；以国际化标准结合本土化优势。

✧ 我们的服务

我们在多年的团队运作中，积累了丰富的操作经验，并总结出一套完整、系统的操作流程，其科学性和实用性使我们的操作队伍能在第一时间内了解客户的信息及需求，及时反应，快速安排和落实；我们拥有高素质的专业团队，可以提供给客户更专业、更准确的建议和服务；我们会根据客户所属行业的不同，量身定制与其特点和要求相适应的可行性方案，在结合客观情况的前提下最大限度的满足客户的需求。邀请并接待了大量的中国赴世界各地的商务团组，促进了我国与世界各地在政治、经济、文化、贸易等各个领域的交流与合作。

✧ 我们的承诺

鑫鑫国旅秉承优质、诚信的服务理念，认真、热情地做好从接待直至售后服务各个环节的工作，尽心尽力为社会各界提供全方位、多角度的旅游服务。

✧ 我们的成就

2014 年，鑫鑫国旅成为了北京市首批 4A 级旅行社。

2016 年，鑫鑫国旅成为北京市"诚信创建企业"。

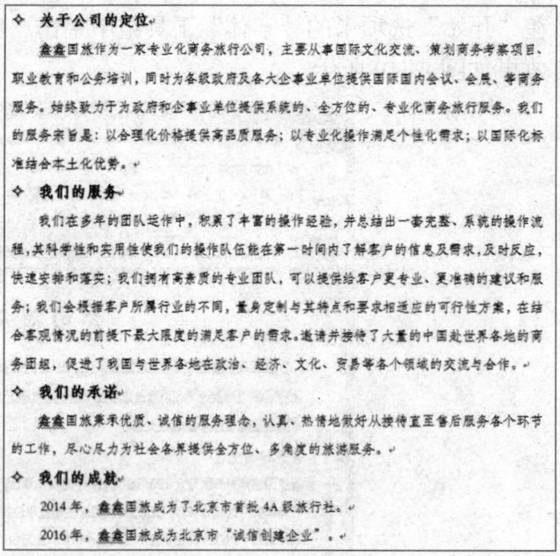

图 8-23　第二至第十段显示效果

（6）选中最后一段内容，在“开始”选项卡的“字体”工具组中单击“文本效果”按钮，选择“发光”→“红色，8pt 发光，强调文字颜色 2”；在“段落”工具组中单击“文文本右对齐”按钮，如图 8-24 所示。

（7）将鼠标光标定位在文档正文首段任一位置，单击“插入”选项卡的“文本”组中的“首字下沉”下拉按钮，单击“首字下沉选项”，打开“首字下沉”对话框，选择位置“下沉”，下沉行数改为 2，如图 8-25 所示。

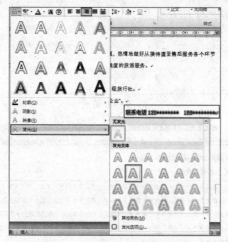

图 8-24　最后一段显示效果图

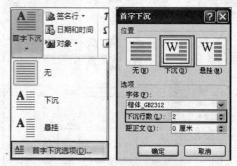

图 8-25　“首字下沉”设置

课后练习

答案：课后练习——美化 Word 文档

现已提供“智能网络传信息.docx”文档，如图 8-26 所示，结合所学的知识，完成以下要求。

1. 将文中第 1 行标题设置成华文彩云，小二号字，红色，居中对齐方式；正文文字设置为仿宋，小四号字。

2. 正文第 1、2 段文字加单下划线，第 3 段文字加着重号。

3. 正文各段落文字的首行缩进设置为 2 个字符。

4. 第 1 行标题的段前设置为 1.2 行，正文各段文字的段前、段后设置为 0.5 行，正文各段文字的行距设置为固定值 20 磅。

5. 将正文第二段文字分成两栏，并添加分隔线，第三段的首字下沉 2 行。

6. 将页面设置为双实边框线。

图 8-26 "智能网络传信息" 文档效果图

任务 9 制作公司招聘海报

任务描述

飞云科技有限公司因为近几年发展迅速，近期需要对外招聘多名设计类人员，在公司内从事宣传和人事工作的小美为此专门制作了一款图 9-1 所示的招聘海报。

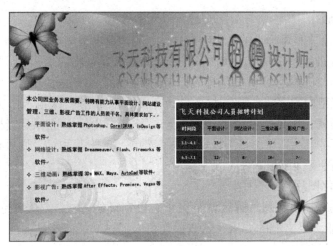

图 9-1 公司招聘海报效果图

9.1 图文混排

Word 虽然是一个文字处理软件，但它还具有强大的图形处理功能。用户可以在文档的任意位置插入图片、图形、艺术字、文本框等，从而编辑出图文并茂的文档。

9.1.1 在文档中使用图片

1．插入图片

微课：插入图片和剪贴画

Word 具有强大的图形处理功能，用户能够根据自身需要插入图片。插入的图片一般都是保存在计算机中的图片，所以在插入图片之前，要提前把相应的图片保存在计算机里，这样就能随时调用了。插入图片的具体操作如下。

在"插入"选项卡"插图"工具栏组中单击"图片"，弹出"插入图片"对话框，选择插入图片的位置，选中图片，单击"插入"按钮，如图 9-2 所示。在已给出的素材文档"杭州西湖"中插入风景 1 图片，选择图片"杭州风景1"，单击"插入"，效果如图 9-3 所示。

图 9-2 插入图片

图 9-3 插入图片效果

2．插入剪贴画

剪贴画是 Word 文档中提供的一类图形文件，用户可以根据自己的需要插入相关的图片，并可以对这些图片进行编辑操作，操作方法和插入图片是一样的。

打开素材文档"杭州西湖"，将鼠标光标定位在欲插入剪贴画的位置，单击"插入"选项卡"插图"工具栏组中的"剪贴画"按钮，在文档右侧出现"剪贴画"对话框，按图片的类型进行大致的搜索，比如搜索建筑，则出现许多对应的图片，把鼠标光标移动到图片上，图片右侧出现向下的箭头，单击箭头，弹出快捷菜单，选择"插入"，则可将这张图片插入到 Word 文档中，如图 9-4 所示。

3．编辑与美化图片

插入图片后往往需要对图片进行调整大小、设定环绕方式、调整颜色、增加艺术效果等编辑和美化才能满足文档的要求，这些操作可以通过功能区的"图片工具—格式"选项卡实现。

图 9-4　插入剪贴画后的效果

在文档中插入图片后，Word 将会自动切换到"图片工具—格式"选项卡，它由"调整""图片样式""排列"和"大小"四个组组成，如图 9-5 所示。

图 9-5　图片格式工具栏

通过该格式工具栏，可以编辑插入图片的颜色、阴影效果、边框、排列方式、裁剪，以及对大小进行精确修改等。

选择"风景 1"图片，在"格式"工具栏中调整图片的"艺术效果"为"铅笔素描"，设置图片样式为"简单框架—白色"，并设置环绕方式为：四周型环绕方式，如图 9-6 所示。

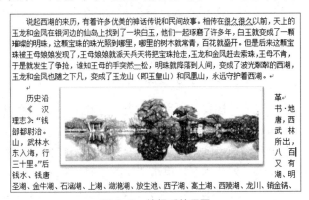

图 9-6　编辑后效果图

9.1.2　在文档中使用艺术字

1．插入艺术字

恰当地使用艺术字可以为文档添加美感，在 Word 文档中，艺术字可作为图形对象来插入。插入艺术字的具体操作如下。

　　将鼠标光标定位在文档中合适的位置，单击"插入"选项卡"文本"工具栏组的"艺术字"按钮 ，弹出艺术字样式列表，如图9-7所示。在艺术字样式列表中选择所需的样式并单击，会在编辑区出现艺术字编辑框"请在此放置您的文字"，如图9-8所示。在编辑框内输入文字即可。

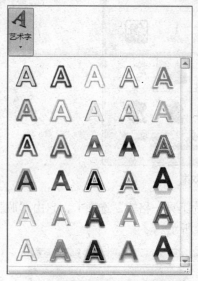

图9-7　艺术字样式列表

图9-8　"编辑艺术字"对话框

2．编辑艺术字

　　艺术字创建好后，可根据需要对其进行相应的编辑与美化，使插入的艺术字更加美观，符合文档的要求。艺术字插入后，功能区将自动显示"绘图工具—格式"选项卡，此选项卡中所包含的"艺术字样式""文本"与"形状样式"组可用来实现对艺术字的编辑操作，如图9-9所示。

图9-9　艺术字工具栏

微课：插入艺术字

　　通过该工具栏我们可以修改艺术字的样式，包括填充文本，设置文本轮廓、文本效果，以及对文本的方向、对齐方式的设置等。

　　比如将标题"杭州西湖"设置成艺术字类型，选择标题，单击艺术字库中第2行第4列艺术字。单击"绘图工具—格式"选项卡上"插入形状"组中的"更改形状"项，然后在子列表中选择某种形状，如"波形"，如图9-10左图所示，更改艺术字文本框的形状；单击"形状样式"组中的"其他"按钮，在展开的列表中选择一种样式，如"中等效果—橄榄色，强调颜色3"，如图9-10中图所示，可对艺术字文本框的样式进行设置，效果如图9-10右图所示。

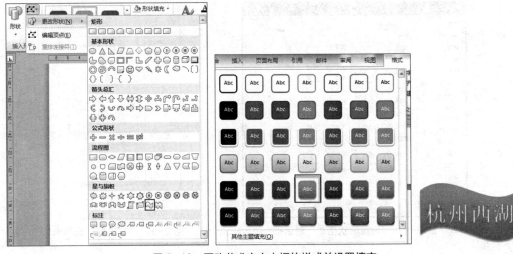

图 9-10   更改艺术字文本框的样式并设置填充

9.1.3   在文档中使用图形和文本框

1．绘制自选图形

（1）插入自选图形

Word 中可插入的自选图形包括线条、矩形、基本几何形状、箭头、公式形状、流程图、标注、星与旗帜等，利用这些形状还可以组合成更复杂的形状。

单击"插入"选项卡"插图"组中"形状"下拉按钮，在下拉列表框中选择需要插入的形状，鼠标指针在文档中会变为十字，然后在文档中需要插入自选图形的页面中单击或拖动即可。

如果需要连续插入多个相同形状，右击所需形状，在弹出的快捷菜单中选择"锁定绘图模式"，这样便可在文档中连续插入多个相同形状了，插入完毕按<Esc>键即可。

（2）编辑自选图形

单击图形后，此时图形的四周会出现 8 个缩放控制点和 1 个旋转控制点，拖动缩放控制点可放大或缩小图形，拖动旋转控制点可旋转图形。对于有些图形还会出现形状的控制点，拖动可以改变形状。

也可以利用功能区来缩放和旋转图形，只不过选定图形后在功能区中显示的是"绘图工具"的"格式"选项卡，而不是"图片工具"的"格式"选项卡，设置图形的方法和设置图片的方法类似。

2．插入文本框

文本框用于存放文本或图形，可任意调整大小并放置在文档中的任意位置。Word 2010 提供了内置的文本框。插入文本框的步骤如下。

单击"插入"选项卡"文本"功能组中的"文本框"按钮，在打开的"内置"菜单中选择合适的文本框样式，如图 9-11 所示，即可在文档中创建一个文本框；也可单击"绘制文本框"命令在文档中拖动鼠标指针绘制文本框。

选择文本框，单击"格式"选项卡，在其中设置文本框的样式、阴影、文字环绕等属性，如图 9-12 所示。

图9-11 "设置形状格式"对话框

图9-12 "文本框"选项卡

9.2 表格操作

表格是由若干水平的行和垂直的列组成的,行和列的交叉区域称为单元格。在单元格中可以输入文字、数字、图形等,甚至可以嵌套一个表格。Word提供了丰富的表格功能,可以很方便地在文档中插入表格、处理表格以及将表格转换成各类统计图表。

9.2.1 创建表格

微课:创建表格

创建表格的方法有多种,可以使用表格网格插入表格,使用"快捷表格"插入表格,使用"插入表格"创建表格,还可以通过"绘制表格"按钮手动绘制表格。

1.用表格网格创建表格

如果要插入的表格行列数比较少,可通过表格网格创建。具体操作如下:

将鼠标光标定位于要插入表格的位置,单击"插入"选项卡"表格"组中的"表格"按钮,在弹出的网格上移动鼠标指针选择行数与列数,如2行3列,单击鼠标即可在文档中创建表格,如图9-13所示。

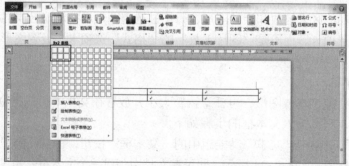

图9-13 用表格网格创建表格

2.快速插入表格

单击"插入"选项卡"表格"组中的"表格"按钮,在弹出的下拉列表中选择"快速表格"选项,在弹出的下拉列表中选择所需表格样式,即可在文档中快速插入内置表格,如图9-14所示。

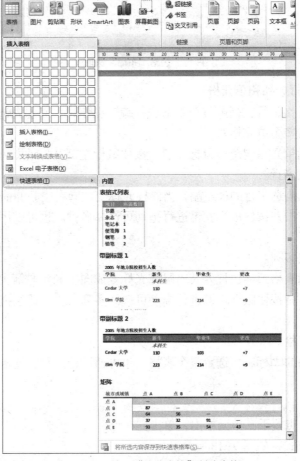

图 9-14　使用"快速表格"创建表格

3．使用"插入表格"对话框创建表格

单击"插入"选项卡"表格"组中的"表格"按钮，在弹出的下拉列表中选择"插入表格"选项，弹出"插入表格"对话框，如图 9-15 所示，默认行数 2 行，列数 5 列，列宽自动，单击"确定"，完成一个表格的制作，如图 9-16 所示。

图 9-15　"插入表格"对话框　　　　　　　图 9-16　制作出的 2 行 5 列表格

9.2.2　编辑表格

表格创建后常常需要对其进行修改和编辑，如插入行和列，删除行和列等。选择表格，单击"表格工具—布局"选项卡，可对表格进行拆分、合并、删除、插入等操作。"布局"选项卡如图 9-17 所示。

图 9-17 表格"布局"选项卡

1.选择表格、行、列和单元格

对表格中的单元格、行、列或整个表格进行编辑操作时，需要先选中要操作的对象。

（1）选定一个或多个单元格。

在要选定的起始单元格内单击鼠标，然后按住鼠标左键并拖动即可选定多个单元格。

（2）选定一行或多行。

把鼠标光标移到需选定行的最左端，当鼠标光标变成向右空心的箭头标志时，单击鼠标即可选择该行。单击并按住鼠标左键进行拖动可选择多行。也可以用拖动鼠标光标选定单元格的方式来选择行。

（3）选定一列或多列。

把鼠标光标移到表格顶端边框处，当鼠标光标变成向下的实心箭头标志时，单击鼠标即可选择该列。单击并按住鼠标左键进行拖动可选择多列。也可通过拖动鼠标光标选定单元格的方式来选择列。

（4）选定整个表格。

单击表格左上角的标志可选定整个表格。也可通过选定行、选定列和选定单元格的方式来选择整个表格。

2.插入行和列

把鼠标光标插入点置于某单元格内，单击"布局"选项卡，在其中的"行和列"组选择一种插入行或列的方式，如图 9-18 所示。

3.删除行和列

删除行和列有多种方法，下面以删除行为例进行介绍。

（1）使用"删除行"命令。

选择要删除的行后单击鼠标右键，在弹出的快捷菜单中选择"删除行"命令。

图 9-18 "行和列"组

（2）使用"删除单元格"对话框。

选择要删除行的一个或多个单元格，单击鼠标右键，在弹出的快捷菜单中选择"删除单元格"命令，打开"删除单元格"对话框，如图 9-19 所示。在对话框中选择"删除整行"选项，单击"确定"按钮即可删除该行。

（3）使用"删除表格"按钮。

选择要删除的行（或该行的一个或多个单元格），单击"布局"选项卡"行和列"组中的"删除"按钮，在弹出的菜单中选择"删除行"命令，如图 9-20 所示。

图 9-19 "删除单元格"对话框

图 9-20 "删除"按钮菜单

4. 合并和拆分单元格

合并单元格是把两个或多个单元格合并成为一个单元格；拆分单元格则是把一个单元格拆分为多个单元格。

（1）合并单元格。

可通过以下方法合并选定的单元格：选定要合并的单元格，如图 9-21 左图所示，单击"布局"选项卡"合并"组中的"合并单元格"按钮⊞合并单元格，效果如图 9-21 右图所示。

图 9-21　合并单元格

（2）拆分单元格。

要拆分单元格，选中要拆分的单元格，或将插入符置于要拆分的单元格中，然后单击"布局"选项卡"合并"组中的"拆分单元格"按钮，在打开的"拆分单元格"对话框中设置要拆分成的行、列数，单击"确定"即可，如图 9-22 所示。

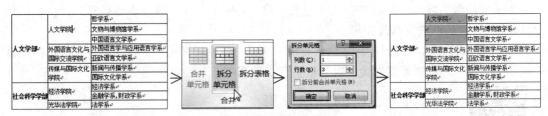

图 9-22　拆分单元格

9.2.3　美化表格

创建和编辑完成表格后，我们还可进一步对表格进行美化操作，如设置单元格或整个表格的边框和底纹等。此外，Word 2010 还提供了多种表格样式，利用这些表格样式可以快速美化表格。

1. 设置表格边框和底纹

给表格添加边框和底纹的方法与给文字或段落添加边框和底纹的方法相同。也可以单击"表格工具—设计"选项卡下"表格样式"组中的"边框"和"底纹"按钮来给表格添加边框和底纹。

2. 应用内置表样式

Word 提供了许多种预置的表样式，每种格式都包含有表格的边框、底纹、字体、颜色等格式化设置，无论是新建的空白表格还是已经输入数据的表格，都可以通过套用内置的表样式来快速美化表格。

单击或选定需要自动套用格式的表格，再根据需要单击"表格工具—设计"选项卡"表格样式"组中"表格样式库"里的相应按钮，或者单击其下拉按钮，在弹出的下拉列表中根据需要选择预定义表格样式，如图 9-23 所示。

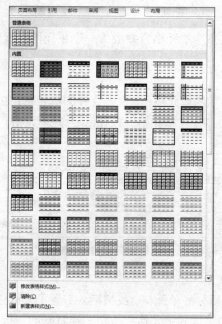

图 9-23　表格样式列表

　　如果要修改当前显示的表格样式，在其下拉列表框中选择"修改表格样式"命令，打开"修改样式"对话框进行修改即可。

　　如果要新建表格样式，在其下拉列表框中选择"新建表样式"命令，打开"根据格式设置创建新样式"对话框进行新建即可。

微课：表格的应用

9.2.4　表格的其他应用

1．表格与文本之间的转换

　　在 Word 文档中，表格与文本之间可以相互转换，要将表格转换成文本，只需在表格中的任意单元格中单击，然后单击"表格工具—布局"选项卡上"数据"组中的"转化为文本"按钮，打开"表格转换成文本"对话框，在其中选择一种文字分隔符，单击"确定"即可，如图 9-24 所示。

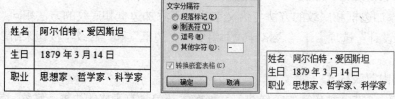

图 9-24　将表格转换成文本

　　选择刚转化为文本的数据，单击"插入"选项卡，单击"表格"，显示快捷菜单，如图 9-25 所示。单击"文本转换成表格"，弹出相应的对话框，如图 9-26 所示。Word 将根据内容自动选择行数，列数则需用户根据实际情况进行判断和修改。表格的大小有 3 种情况进行调整，一是固定列宽，二是根据内容调整表格，三是根据窗口调整表格，生成表格的各单元格的文字分隔位置，要根据文字之间时间的分隔符进行判断，选择对应的，最后单击"确定"，即重新将文字生成了表格。

图 9-25　文本转换为表格　　　　图 9-26　文字转换为表格设置

2．表格排序

在 Word 中，可以按照递增或递减的顺序将表格内容按数字、笔画、拼音或日期等进行排序。排序时最多可以选择 3 个关键字，表格可以有标题行，也可以没有标题行。需要说明的是排序的表格不能有合并的单元格。

单击或选定表格后，单击"表格工具—布局"选项卡上"数据"中的"排序"按钮，打开"排序"对话框，如图 9-27 所示。在该对话框中，根据需要设置排序的关键字、类型、方式以及有无标题行。设置完毕，单击"确定"按钮。

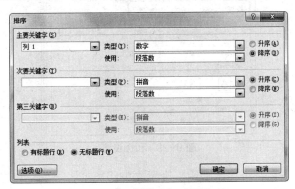

图 9-27　"排序"对话框

3．表格计算

Word 表格提供了加、减、乘、除等算术计算功能，还提供了常用的统计函数功能，比如求和、求平均值、求最大值、求最小值、统计个数等函数。

单击需要存放计算结果的单元格，再单击"表格工具布局"选项卡"数据"组里的"公式"按钮 *f_x* 公式，打开"公式"对话框，如图 9-28 所示。在"公式"框中输入计算公式或在"粘贴函数"框中选择需要的函数，在"编号格式"下拉列表框中选择计算结果的输出格式，最后单击"确定"按钮。

注：输入公式时，必须以"="开始，后跟计算式子。

在表格中，列号用 A、B、C…表示，行号用 1、2、3…表示。公式中引用单元格可以用"字母+数字"来表示，比如"A2""C5"等。连续的单元格区域可以用"A1:D1""B2:C4"等表示。

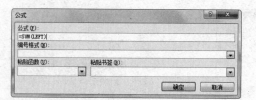

图 9-28 "公式"对话框

4. 表格重复标题行

如果创建的表格超过了一页，Word 会自动拆分表格。要使分成多页的表格在每一页的第一行都显示标题行，可将鼠标光标定位在表格标题行的任意位置，然后单击"表格工具—布局"选项卡"数据"组里的"重复标题行"按钮。

9.3 页面设置和美化

文档给人的第一印象是它的整体布局，这就是页面设置的作用。页面设置一般作为 Word 排版的一个先前工作，它主要涉及页边距设置、纸张方向、版式和文档网格等四个方面。

1. 页面设置

单击"页面布局"功能选项卡，在页面设置工具栏组单击右下角箭头，显示"页面设置"对话框，有"页边距""纸张""版式""文档网格"四个选项卡，如图 9-29 所示。

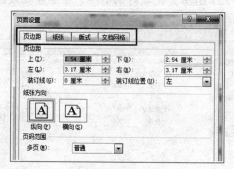

图 9-29 页面设置

"页边距"分为上下左右页边距，用来表示文字距离纸张上下左右方向的距离，纸张方向分为横向和纵向，默认是纵向。

"纸张"选项卡用来设置纸张的大小，默认为 A4 纸张，不同的纸张，根据用户需要进行修改。

"版式"选项卡设置行号、页面的垂直对齐方式、页眉页脚的奇偶页和边距等信息。

"文档网格"用来设置每页行数和每行字符数，比如一些论文期刊对每页的行数和每行的字符数有一定的要求。

2. 页面美化

页面美化工作比如可以给页面添加边框，修改页面的颜色等。

单击"页面布局"选项卡，在页面背景工具栏组中单击"页面边框"，弹出如图 9-30 所示的"边框和底纹"对话框，该对话框分为三部分：设置、样式、预览。设置用来设定边框的形状，然后在样式中选定边框线的类型、颜色、宽度，以及可以是艺术的线类型，在预览中可以看到最终的效果。

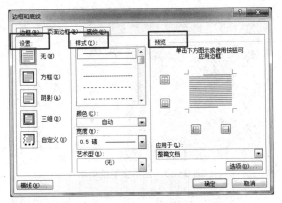

图 9-30　页面边框

任务实施

在公司内从事宣传和人事工作的小美利用自己所掌握的 Word 图文混排知识，制作了一份公司招聘海报，具体制作过程如下。

1．页面背景设计

新建一份 Word 文档，单击"保存"，命名为"公司招聘海报.docx"。单击"页面布局"选择卡，单击"页面设置"工具栏右下角的箭头按钮，打开"页面设置"对话框，设置页边距为上、下、左、右各为 1cm，纸张方向设为"横向"，如图 9-31 所示。

微课：任务实施——
设置背景和艺术字

单击"页面布局"选择卡"页面背景"功能组中的"页面颜色"下拉按钮，打开"填充效果"对话框，在"图片"选项卡中单击"插入图片"按钮，就可以将"背景 1.jpg"图片插入到文档中，效果如图 9-32 所示。

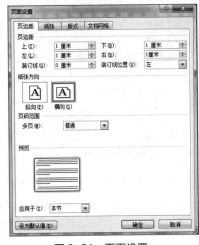

图 9-31　页面设置

图 9-32　页面背景填充效果

2．添加艺术字

在"插入"选项卡"文本"组中单击"艺术字"按钮，在弹出的下拉列表框中选择"填充—蓝色，强调文字颜色 1，塑料棱台，映像"选项，如图 9-33 所示，即可在文档中直接插入艺术字文本框，将文本更改为"飞云科技有限公司招聘设计师"。

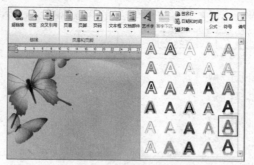

图 9-33　艺术字下拉菜单

选择"招聘"文本，在"开始"选项卡"字体"组中单击"单圈字符"按钮 ⊕，在打开的对话框中选择"增大圈号"，效果如图 9-34 所示。

飞天科技有限公司㊐㊑设计师。

图 9-34　"带圈字符"效果

拖动鼠标光标选中"飞云科技有限公司招聘设计师"文本，打开"绘图工具—格式"选项卡"艺术字样式"组的对话框按钮，选择"三维格式"选项，在"轮廓线"栏中的"颜色"下拉列表框中选择"紫色，强调文字颜色 4，淡色 40%"，如图 9-35 所示。单击"关闭"按钮关闭对话框。单击"艺术字样式"组中的"文本效果"下拉按钮，在弹出的下拉列表中选择"旋转"选项，在弹出的子列表中的"弯曲"栏中选择"正三角"选项，如图 9-36 所示。

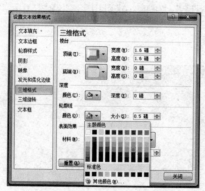

图 9-35　文本三维格式设置

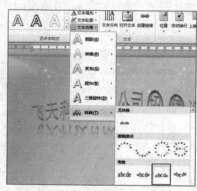

图 9-36　文本旋转格式设置

完成艺术字设置后的"飞云科技有限公司招聘设计师"文本效果如图 9-37 所示。

图 9-37　艺术字最终效果

3．添加文本框和图片

选择"插入"选项卡"文本"组中的"文本框"下拉按钮，单击"绘制文本框"，在页面左下部拖动鼠标光标绘制文本框，输入招聘信息，字体格式"黑体，四号"，为招聘职位段落添加"◇"项目符号，并将职位文本加粗，颜色设置为红色。

选择文本框，取消文本轮廓线，在"格式—形状样式"组中单击"形状填充"下拉按钮，选择"图片"选项，将"背景 2.jpg"插入。打开"设置图片格式"对话框，在左侧选择"填充"选项，设置透明度为30%，如图9-38所示；选择"三维旋转"选项，设置预设"右透视"，如图9-39所示。最终效果如图9-40所示。

图9-38　图片格式"填充"设置

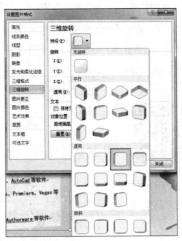

图9-39　图片格式"三维旋转"设置

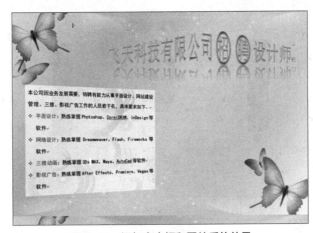

图9-40　添加文本框和图片后的效果

4．添加表格

在页面右侧插入一个文本框，取消文本框的填充色和轮廓，再在文本框内插入一个 4 行 5 列的表格，合并第一行单元格，设置表格样式为："中等深浅网格 3-强调文字颜色 2"。表格第一行输入：飞天科技公司人员招聘计划，华文楷体，18 号，其中"飞天"两字 22 号，黄色；第二、三行依次输入相关招聘信息，自行调整表格内其余文字的对齐方式、字体设置等，如图9-41所示。

图 9-41 表格效果图

课后练习

1. 打开 Word 文档"春节来由.docx",按要求进行如下操作,效果如图 9-42 所示。

（1）在文档开始处插入艺术字"春节来由",要求字体字号分别为"华文琥珀,初号",艺术字样式选艺术字库第 5 行第 3 个样式。

（2）在文档图示位置插入两个竖排文本框,文本框用红色填充,大小为宽 2cm,高 9cm,环绕方式为"四周型环绕",字体字号为"隶书,初号",对齐方式为"水平居中"。

答案：课后练习——
图文混排

（3）在两个文本框的下面插入给定的素材图片"新年 1.jpg",在文档中间插入图片"新年 2.jpg",环绕方式都为"四周型环绕"。

（4）在文档最后插入形状"横卷形",形状样式选择样式库第 4 行第 7 个样式,样式大小为宽 10cm,高 3cm,并为样式添加文字"过年好",华文新魏,初号,深红色。

图 9-42 "春节来由"文档效果图

答案：课后练习——
设置表格

2. 新建文档"家电销售统计表.docx",在文档中创建如图 9-43 所示的 5 行 5 列表格,并为第一个单元格设置左上右下的斜线,设置第一行行高 1.8cm,其他行行高 1cm。创建完表格后,再按以下要求对表格进行编辑。

（1）将表格标题设置为二号、黑体、居中。

（2）在表格最后一列的右边添加一列,列标题为"总计",计算各种家电全年的销售综合,并按"总计"列降序排列表格内容。

（3）表格中第一行内容和第一列内容"水平居中",其他单元格内容"中部右对齐"。

（4）表格外边框线设置为 0.5 磅的双线，第一行和第一列添加"茶色，背景 2"底纹。

家电销售统计表				
季度 品名	一季度	二季度	三季度	四季度
电视	135	176	247	129
洗衣机	228	210	310	190
冰箱	102	146	238	118
空调	98	325	410	102

图 9-43　家电销售统计表

任务 10　论文排版

任务描述

小李是一名大四的学生，转眼毕业在即，和其他同学一样都在忙着赶写毕业论文，由于论文的内容页数较多，他需要对已经完成的论文的格式进行规范化排版以提高论文的可读性。图 10-1 和图 10-2 所示为其中几页长文档排版的效果图。

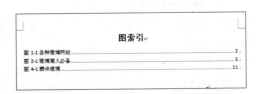

图 10-1　目录效果

图 10-2　正文排版效果

相关知识

10.1 样式

样式是一组格式特征的组合，如字体名称、字号、颜色、段落对齐方式和间距等。某些样式甚至可以包含边框和底纹。使用样式来设置文档的格式，可以快速轻松地在整个文档中应用一致的格式选项。

1. 内置样式

内置样式是指 Word 中自带的样式类型，包括"标题""强调""要点""引用""正文"等多种样式，如图 10-3 所示。例如，给素材"动物介绍之蛇.docx"套用内置样式，具体操作如下。

将鼠标光标定位标题"动物介绍之蛇"文本右侧，在"开始"选项卡的"样式"组的列表框中选择"标题"选项。返回文档编辑区，即可查看设置标题样式后的文档效果，如图 10-4 所示。

图 10-3　内置样式

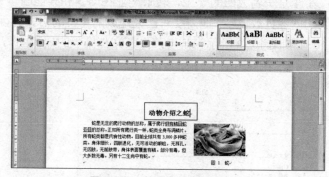

图 10-4　套用"标题"样式

2. 创建和应用样式

Word 2010 中内置样式是有限的，如果 Word 内置样式不能满足编辑要求，可以根据需要重新创建样式。

微课：创建和应用样式

比如创建一个修改正文的格式的样式：鼠标光标定位到文档的正文中，在"开始"选项卡的"样式"组中单击"对话框启动器"图标 ，打开"样式"对话框，如图 10-5 所示。单击"新建样式"，弹出"根据格式设置创建新样式"对话框，如图 10-6 所示。修改新样式的名称，在默认情况下，新样式的设置和正文是完全一样，根据需要修改字体和段落的格式，单击"确定"，完成操作。

3. 修改、删除样式

创建新样式后，如果用户对创建后的样式有不满意的地方，可通过"修改"样式功能对其进行修改。在"开始"选项卡的"样式"组中单击"对话框启动器"图标 ，在打开的"样式"对话框中，右击需要修改的样式名称，如图 10-7 所示。在快捷菜单中选择"修改"菜单项，打开如图 10-8 所示的"修改样式"对话框，在该对话框中修改选定样式的属性及格式，设置完成后单击"确定"按钮，完成对该样式的修改。

图 10-5　新建样式

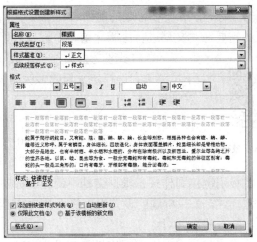

图 10-6　"根据格式设置创建新样式"对话框

图 10-7　选择"修改"选项

图 10-8　"修改样式"对话框

　　用户可以根据自己的需要在样式工具栏中显示经常使用的样式，对不需要的样式进行删除操作。操作方法为：在样式工具栏中找到不需要的样式名称，单击右键，弹出快捷菜单，选择"从快速样式库中删除"，如图 10-9 所示，依次操作可以删除所有不需要的样式。

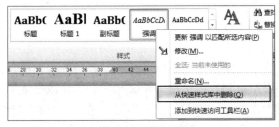

图 10-9　样式删除

10.2　多级符号

　　根据标题在文章中的位置，可将标题分为主标题、节标题、段落标题等。主标题是文章最先出现的一个标题；节标题是为文章内的每一小节起一个名称；段落标题则是对段落内容的一个概括性标题。若要在标题的前面自动生成章节号，比如"第 X 章""1.1""1.1.1"等多级结构，则需要在对文档进行排版之前，设置好它们的多级符号列表。

微课：设置多级符号

标题样式设置好后在"开始"选项卡的"段落"组中单击"多级列表"下拉菜单，选择定义新的多级列表，如图 10-10 所示，打开"多级列表"对话框。

在"定义新多级列表"对话框中继续单击"更多"后，我们能对编号的各个属性进行设置，如图 10-11 所示。

（1）级别：主要是用于对多个文段级别的编号进行设置。

（2）将级别链接到样式：根据文档中使用的标题样式级别，分别将编号格式级别链接到不同的标题样式。如果标题的设置没有使用 Word 提供的"标题"系列样式的话，就把级别链接到新建的样式上即可。

（3）编号格式：根据需要将编号强制设为"1，1.1，1.1.1……"等。

图 10-10　多级列表选择

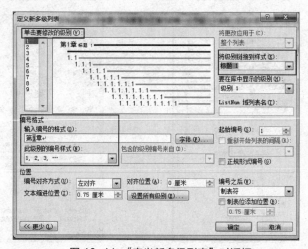

图 10-11　"定义新多级列表"对话框

10.3　题注和交叉引用

如果用户在排版中需要对文档中的图或表等生成目录，则需要为它们创建题注和交叉引用。

10.3.1　题注

微课：设置题注

题注就是给图片、表格、图表、公式等项目添加的名称和编号。插入题注初期看似麻烦，但是对于长文档后期的修改是大有好处的，尤其是对于需有生成图表目录要求的，这一步必不可少。其具体操作如下。

（1）选中文档中的图片，单击"引用"选项卡，在"题注"工具栏组中，单击"插入题注"，弹出"题注"对话框，如图 10-12 所示。

（2）在标签中单击下拉按钮，查看是否有自己需要的标签，比如"图"，若没有，单击"新建标签"按钮，建立自己的标签，图片的题注在图片下方，故选择位置为"所选项目下方"，单击"编号"按钮，弹出"题注编号"对话框，如图 10-13 所示，勾选"包含章节号"，其他默认，单击"确定"按钮。

图 10-12　添加题注

图 10-13　题注编号

10.3.2　交叉引用

交叉引用是对 Word 文档中其他位置的内容的引用，例如，可为标题、脚注、书签、题注、编号段落等创建交叉引用。创建交叉引用之后，可以改变交叉引用的引用内容。

在文档中，当用户需要引用文档中的图片或表格时，需要明确指定哪张图或表，这时可以采用交叉引用来实现。

例如选择已经设置好题注的图片，单击"题注"工具栏组里的"交叉引用"，显示"交叉引用"对话框，选择"引用类型"，引用"内容"，引用的是"哪个题注"等，单击"确定"按钮，如图 10-14 所示。

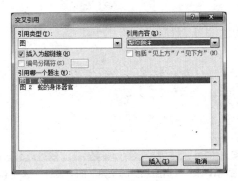
图 10-14　交叉引用

10.4　脚注和尾注

在写论文的过程中，经常需要引用别人文章中的内容、名词等进行注释，这称为脚注和尾注。脚注是位于每一页面的底端，尾注是位于文档的结尾处，只是位置不同。具体操作如下。

（1）选择"引用"选项卡，在"脚注"功能组中单击"插入脚注"按钮或"插入尾注"按钮。插入点会自动跳转到页面底端或文档的结尾处，可以编辑脚注或尾注的内容。

（2）单击"引用"选项卡中"脚注"功能组右下角的对话框启动器，出现图 10-15 所示的"脚注和尾注"对话框，在对话框中选择"脚注"或"尾注"单选按钮，设置"编号格式""起始编号""编号"等，单击"插入"按钮即可。

要删除脚注或尾注，在正文中选定脚注或尾注号，按 <Delete> 键即可。

图 10-15　"脚注和尾注"对话框

10.5　页眉和页脚

页眉和页脚是在一页顶部和底部的注释性文字或图形，插入页眉和页脚后一般整个文档具有相同的页眉页脚。

1．添加页眉和页脚

（1）在"插入"选项卡上的"页眉和页脚"组中，单击"页眉"或"页脚"下拉按钮，在其下拉列表框中列出了 Word 内置的页眉或页脚模板，用户可以在其中选择适合的页眉或页脚样式，也可以选择"编辑页眉"或"编辑页脚"命令，根据需要进行编辑。

（2）页面的顶部和底部将各出现一条虚线，顶部的虚线处为页眉区，底部的虚线处为页脚区，同时，将打开"页眉和页脚工具"的"设计"选项卡，如图 10-16 所示。用户可在页眉或页脚区输入页眉或页脚内容，也可通过"插入"组中的各种命令按钮插入相应的内容。

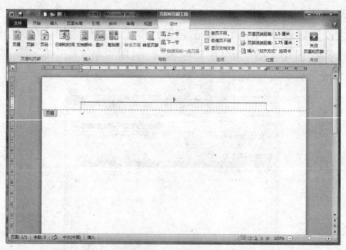

图 10-16　"页眉和页脚工具"的"设计"选项卡

2．删除页眉和页脚

单击"插入"选项卡的"页眉和页脚"组中的"页眉"或"页脚"下拉按钮，在弹出的下拉列表中选择"删除页眉"或"删除页脚"命令。

3．设置页眉和页脚的格式。

（1）设置对齐方式。

如果要设置页眉和页脚的对齐方式，可在"页眉和页脚工具"的"设计"选项卡中单击"位置"工具组中的"插入'对齐方式'选项卡"按钮，弹出"对齐制表位"对话框，如图 10-17 所示。可根据需要设置页眉和页脚的对齐方式、对齐基准、前导符。

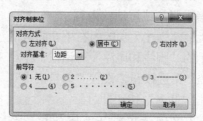

图 10-17　"对齐制表位"对话框

（2）设置多个不同的页眉和页脚。

用户可以根据需要为文档的不同页面设置不同的页眉和页脚。

在"页眉和页脚工具"的"设计"选项卡中，如果在"选项"工具组中选择"首页不同"复选框，在文档的首页就会出现"首页页眉""首页页脚"编辑区；如果选择"奇偶页不同"复选框，在文档的奇数页和偶数页上就会出现"奇数页页眉""奇数页页脚""偶数页页眉""偶数页页脚"编辑区。单击这些编辑区即可创建不同的页眉和页脚。

10.6　分页与分节

在编辑 Word 文档时，系统会为文档自动分页，而为了美化文档的视觉效果，或者便于在同一个文档中为不同部分的文本设置不同的格式，则可以利用 Word 2010 提供的强制分页和分节功能，对文档另起一页，或者将文档分隔为多节。

10.6.1　分页

1．插入分页符

若要对文档进行手动分页，只需将鼠标光标置于要进行手动分页的位置，选择"页面布局"选项卡中"页面设置"组中的"分隔符"下拉按钮，单击"分页符"命令即可，如图 10-18 所示。

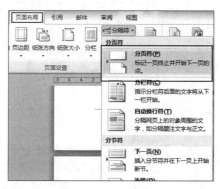

图 10-18　手动分页

在"分页符"栏中包含 3 种类型的分页符，其功能如表 10-1 所示。

表 10-1　分页符功能

名称	功能
分页符	执行"分页符"命令后，标记一页终止并开始下一页
分栏符	执行"分栏符"命令后，其光标后面的文字将从下一栏开始
自动换行符	分隔网页上的对象周围的文字，如分隔题注文字与正文

另外，用户也可以将鼠标光标定位于要分页的指定位置，选择"插入"选项卡，在"页"组中单击"分页"按钮，即可进行分页，如图 10-19 所示。

图 10-19　利用"页"组进行分页

2．取消分页

若用户要取消对文档的分页效果，可将添加的分页符删除。删除分页符的方法与删除普通文字相同，即将插入点置于分页符左侧或将其选中，然后按<Delete>键即可。

10.6.2 分节

在普通视图模式下，节与节之间用一条双虚线作为分界线，称为"分页符"。为了能为同一文档的不同部分设置不同的页眉和页脚，以及页边距、页面方向和分栏版式等的页面属性，我们可将文档分成多个节。

1．插入分节符

所谓节即是指 Word 文档中用来划分文档的一种方式，而分节符则是一节内容的结束符号。

若要在文档中插入分节符，只需将鼠标光标置于指定的位置，单击"页面设置"组中的"分隔符"下拉按钮，在其下拉列表中选择所需选项即可，如图 10-20 所示。

2．自动建立新节

如果整篇文档采用相同的格式设置，则不必分节。默认方式下，Word 将整个文档当成一个节来处理。如果需要改变文档中某一部分的页面设置，可自动建立一个新节并进行操作。

在"页面布局"选项卡的"页面设置"组中单击"对话框启动器"按钮，弹出"页面设置"对话

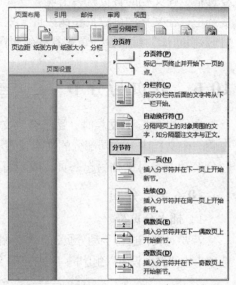

图 10-20　插入分节符

框。然后，选择"版式"选项卡，在"节"栏中的"节的起始位置"下拉列表中选择"新建页"选项，并在"应用于"下拉列表中选择"插入点之后"选项，即可建立新节，如图 10-21 所示。

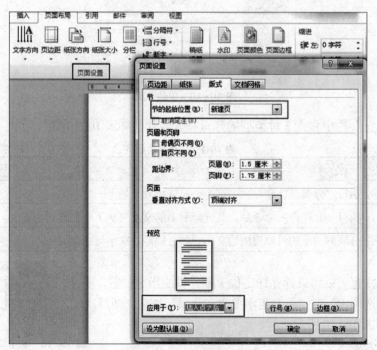

图 10-21　自动建立新节

10.7 目录

在阅览书籍、论文等长文档时，可以看到文档的前面有一个目录。目录是论文、书籍等长文档的一个重要组成部分，通过目录阅览者可以对所阅览文本结构一目了然。目录一般位于书籍正文的前面，起引导、指引作用。它列出了书中各级别的标题及每个标题所在的页码，通过页码能够很快找到标题所对应的位置。

要自动生成目录，前提是需要做好各级标题样式、图样式、表样式的应用。具体操作如下。

将鼠标光标定位到需要生成目录的页面，单击"引用"选项卡，在"目录"工具栏组中单击"目录"，将出现目录快捷菜单，包括内置的目录，插入目录，删除目录三个方面，这里选择"插入目录"，弹出图 10-22 所示的"目录"对话框。在该对话框中，用户可以根据文档内级别的等级选择级别数，以及选择是否显示页码、页码是否对齐、前导符等。单击"确定"，则自动生成目录。

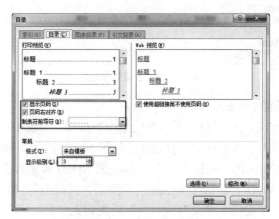

图 10-22　插入目录设置

在生成目录后，如果文档的内容出现增删或修改标题等，则都需要对已经生成的目录进行更新，使目录与标题及内容保持一致。具体操作如下。

单击"引用"选项卡的"目录"工具栏组中的"更新目录"按钮，打开"更新目录"对话框，选择"更新整个目录"选项，单击"确定"按钮，即可实现目录的更新。

10.8 打印文档

文档编辑完成之后即可通过打印文档将文档内容输出到纸张上。为了使得打印输出的文档效果更佳，及时发现文档中未知的错误排版样式，可在打印文档之前预览打印效果，具体操作步骤如下。

单击"文件"菜单，选择"打印"命令，在窗口右侧预览打印效果。如果对预览效果满意，在"打印"栏的"份数"数值框中设置打印份数，单击"打印"按钮🖨开始打印即可。

任务实施

作为大四学生的小李，利用自己所掌握的 Word 长文档排版知识，对自

微课：设置和应用
标题样式

已的论文进行了规范化的排版，具体操作如下。

1．设置标题的多级列表样式

打开已有的素材"T-WORD.docx"和效果图"T-WORD.pdf"，对照效果图，将鼠标光标定位到"一、关于微博"该段落的任意位置，单击"开始"选项卡"段落"工具栏组中的"多级列表"，弹出快捷菜单，选择"列表库"中"1标题1；1.1标题2；1.1.1标题3"的列表，效果如图10-23所示。

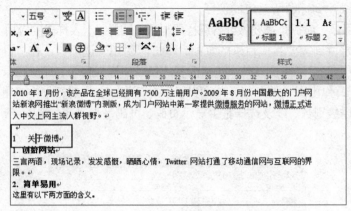

图 10-23　多级列表效果

（1）修改并应用标题1样式。

在"段落"工具栏组右边的"样式"工具栏组中，找到"标题1"样式，在该样式上单击右键，选择"修改"，弹出"修改样式"对话框，如图10-24所示。修改该标题1样式的字体和编号，其中，字号改为小四。单击"编号"，弹出图10-25所示界面，选择"1.2.3."的编号。单击"定义新编号格式"，弹出图10-26所示界面，选择编号样式为阿拉伯数字"1，2，3"，编号格式为在"1"前面输入"第"，在"1"后面输入"章"，其余默认。单击"确定"，则文档中变成"第1章关于微博"（如图10-27所示）。对文档中的其他章，将鼠标光标定位到章所在的位置，单击"标题1"即可完成样式的应用。

图 10-24　修改样式

图 10-25　编号

图 10-26　定义新编号

（2）应用标题2样式。

对照效果图中的"1.1，1.2，2.1，2.2……"小节，找到文档中对应的位置，定位到该节位置，单击样式中"标题2"，再删除文档中原有的编号，效果如图10-28所示。

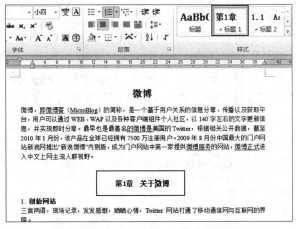

图 10-27　应用"标题 1"样式效果

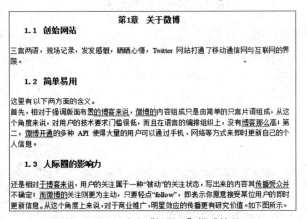

图 10-28　应用"标题 2"样式效果

2．创建并应用正文样式

将鼠标光标定位到正文中，单击"样式"工具栏右边向下的箭头，弹出"样式"对话框，单击最下方的"新建样式"按钮，弹出"根据格式设置创建新样式"对话框，修改样式名为：样式 123；再修改中文字体为"楷体"，西文字体为"Times New Roman"，字号为"小四"，首行缩进 2 个字符，段前段后间距 0.5 行，行距 1.5 倍，如图 10-29 所示。鼠标单击正文中除章节、小节、编号、表格、图片以及题注的地方外，将"样式 123"应用到文档的正文中。

图 10-29　正文新样式

3．设置自动编号

找到文档中有 1），2）……的编号，选中 1）后，单击"段落"工具栏组中的"编号"，选择一致的编号格式，再删除原有的编号，其余编号则采用格式刷的方式进行重新编号。定位到 1），双击"格式刷"按钮，复制格式后，单击到其他编号，最后单击"格式刷"按钮，结束。效果如图 10-30 所示。

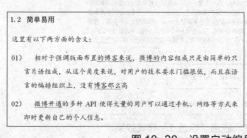

图 10-30　设置自动编号效果

4．添加题注和交叉引用

选择文档中的图片，单击右键，选择"插入题注"，弹出"题注"对话框，选择新建标签"图"，位置选择"所选项目下方"，如图 10-31 所示。单击"编号"按钮，弹出"题注编号"对话框，勾选"包含章节号"，如图 10-32 所示。单击"确定"按钮，然后将图片和题注居中，效果如图 10-33 所示。

 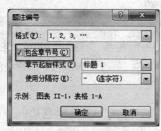 

图 10-31　题注　　　　图 10-32　题注编号　　　　图 10-33　图题注效果图

对于图片上方出现的"如下图所示"，可进行"交叉引用"。选中"下图"，单击"引用"选项卡，单击"题注"工具栏中的"交叉引用"，弹出"交叉引用"对话框，如图 10-34 所示。选中引用类型为"图"，引用内容为"只有标签和编号"，引用的题注为"图 1-1 各种微博网站"，单击"插入"，完成。

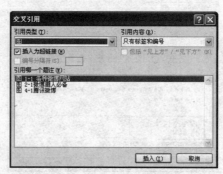

图 10-34　交叉引用设置

以同样的方法设置表格。图 10-35 所示为原始表格，图 10-36 所示为表格设置效果图。

注：数据截至 2011 年 3 月 1 日 02：00，如下表所示。

人气排行榜

名次	名人排行榜	粉丝数量	草根排行榜	粉丝数
1	姚晨	6,486,549	冷笑话精选	2,418,736
2	徐熙娣(小 S)	5,797,677	veggieg（王菲）	2,396,820
3	赵薇	5,384,714	精彩语录	1,839,683
4	蔡康永	4,980,508	微博搞笑排行榜	1,450,347
5	谢娜	4,795,221	我们都爱冷笑话	1,169,047
6	何炅	4,444,154	星座秘语	1,087,746
7	黄健翔	3,979,329	星座爱情 001	1,086,192
8	李冰冰	3,936,907	生活小智慧	1,067,862
9	杨幂	3,863,149	创意工坊	939,238
10	李开复	3,831,891	时尚经典语录	879,952

图 10-35　原始表格

注：数据截至 2011 年 3 月 1 日 02：00，如表 1-1 所示。

表 1-1　人气排行榜

名次	名人排行榜	粉丝数量	草根排行榜	粉丝数
1	姚晨	6,486,549	冷笑话精选	2,418,736
2	徐熙娣(小 S)	5,797,677	veggieg（王菲）	2,396,820
3	赵薇	5,384,714	精彩语录	1,839,683
4	蔡康永	4,980,508	微博搞笑排行榜	1,450,347
5	谢娜	4,795,221	我们都爱冷笑话	1,169,047
6	何炅	4,444,154	星座秘语	1,087,746
7	黄健翔	3,979,329	星座爱情 001	1,086,192
8	李冰冰	3,936,907	生活小智慧	1,067,862
9	杨幂	3,863,149	创意工坊	939,238
10	李开复	3,831,891	时尚经典语录	879,952

图 10-36　表格设置效果图

5．添加脚注和尾注

定位到文档标题后面，单击"引用"选项卡"脚注"工具栏组中的"插入脚注"，鼠标光标自动跳转到插入脚注的位置，输入内容"MicroBlog"，如图 10-37 所示。

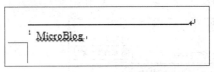

微课：设置脚注和尾注

图 10-37　脚注效果

6．添加目录

将鼠标光标定位到正文的最前面，即光标在"微博¹"之前，单击"页面布局"选项卡，在"页面设置"中单击"分隔符"，选择"分节符"中的"下一页"，重复操作 3 次，则在正文前面插入了 3 张空白的纸张。

将鼠标光标定位到第一页，在第一行中间输入"目录"。光标定位到目录右侧，单击"引用"选项卡，单击"目录"，选择"插入目录"，弹出"目录"对话框，如图 10-38 所示。直接单击"确定"，生成的文档目录如图 10-39 所示。

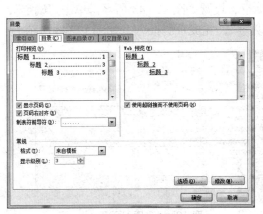

图 10-38　目录设置

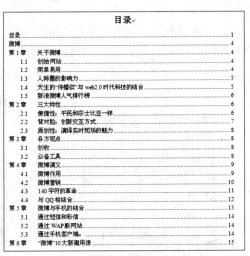

图 10-39　目录效果

定位到第二页，在第一行中间输入"图索引"，光标定位到图索引右侧，单击"引用"选项卡"题注"组中的"插入表目录"按钮，弹出"图表目录"对话框，选中题注标签为"图"，单击"确定"，生成了图索引，如图 10-40 所示。

图索引

图 1-1 各种微博网站 5

图 2-1 微博潮人必备 8

图 4-1 腾讯微博 13

图 10-40　图索引

定位到第三页，采用同样的方法，生成表索引。

7．添加页眉和页脚

微课：设置页眉和页脚

从正文开始设置，鼠标光标定位到正文第一页中，单击"插入"选项卡中的"页眉"，选择编辑页眉，在"页眉页脚工具—设计"的"导航"工具栏中，单击取消"链接到前一条页眉"效果，并勾选"奇偶页不同"，如图 10-41 所示。然后在奇数页页眉中输入"微博 WEIBO"，偶数页页眉不做任何设置，如图 10-42 所示。

图 10-41　页眉设置

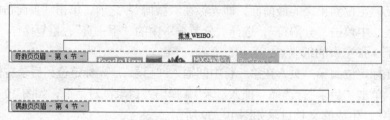

图 10-42　设置奇偶页页眉

再单击"导航"中的"转至页脚"，同样单击取消"链接到前一条页眉"，单击"页码"，选择"设置页码格式"，跳出"页码格式"对话框，设置如图 10-43 所示。单击"确定"，再单击"页码"，选择"当前位置"下的"普通数字"，完成页码插入，如图 10-44 所示。

图 10-43　页码格式设置

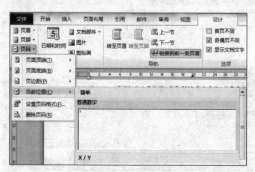

图 10-44　插入页码

最后将鼠标光标分别定位到第 2 章至第 6 章前面，分别插入一个分节符，使得每章都另起一页，此时，页脚的页码出现问题，第 2 章页码变为 1。只要选中第 2 章的页码"1"，单击"页码"，选择页码格式，重新设置为"续前节"，如图 10-45 所示，单击"确定"，则完成页码的更新。最后在目录中的页码，只要在目录上单击"右键"，选择"更新域"，弹出"更新目录"对话框，如图 10-46 所示，选择"只更新页码"，单击"确定"，即可完成。

图 10-45　更新页码设置

图 10-46　更新目录页码

课后练习

现已提供"重阳节.docx"文档，要求结合所学的知识，完成以下要求，部分效果图如图 10-47～图 10-49 所示。

答案：课后练习——
长文档排版

1．基本格式设置

设置正文基本格式，字体为五号、字体为"楷体"，段落格式为段间距 0、1.5 倍行距、首行缩进 2 字符；文中标题设置为系统样式，主标题设为"标题"，以下依次设为"标题 1""标题2"。

"标题"为水平居中排布，字体为华文新魏、一号；

"标题 1"为黑体、加粗、四号字，使用多级符号，例如"第 1 章重阳节简介"；

"标题 2"为黑体、加粗、小四号字，使用多级符号，例如"2.1 历史记载"。

2．题注

插入全部提供图片，置于文中适当章节段落之后，并适当调整图片大小，图片不得跨文字标题、页边距；

在图片下添加题注，标签为"图"，标号为"标题 1 编号"＋"-"＋"标题 2 编号"＋"题注内容"，其中题注内容采用图片文件主名，如"图 1-1 重阳节"。

3．项目符号

取消第 4 部分"各地重阳节习俗"一节中地名的【…】方括号，为各地习俗内容设置项目符号。

4．设置页眉页脚

对文档设置页眉，显示内容为当前页面的"标题 1 编号"＋"标题 1 名称"。

对文档设置页脚为系统页码，形式为"～1～"，页码居中。

5．插入文档水印，内容为"中国民俗"，并设置为行楷、96 号、浅绿色、倾斜

6．设置文档目录

在文章第一页前以分节方式插入 1 页，作为目录页，输入"目录"，文字设为 3 号、黑体、水平居中，设置其样式为正文。

在目录页"目录"标题下插入 3 级目录，采用"正式"格式，目录内容不得超出页边距。

7. 要求目录页无页眉、页脚、水印内容，并保证正文起始页页码为 1

图 10-47　效果图 1

图 10-48　效果图 2

图 10-49　效果图 3

任务 11 　制作录取通知书

任务描述

　　每年的招生结束后，学校招生办的老师都要给录取的新生寄发录取通知书。几百位同学的通知书要在 2 天之内打印出来、装好，并寄发出去，时间紧、任务重。若利用 Word 2010 软件的邮件合并功能，让每张录取通知书自动生成人名、专业名，如图 11-1 所示，就可以大大地提高工作效率。

图 11-1 　录取通知书模板

相关知识

　　邮件合并最初是在批量处理邮件文档时提出的。它可以批量生成信函、信封等与邮件相关的文档，还可以批量制作通知书、证件、工资条、会议通知等文档。

　　邮件合并可以通过"邮件"选项卡或"邮件合并向导"来进行。进行邮件合并的操作包括创建主文档、添加数据源、插入域、合并四个过程。

　　主文档是邮件合并内容中固定不变的部分，信函中通用的部分；数据源是指邮件内容中变化的部分，比如具体的姓名、地址等；插入域是指对主文档和数据源进行关联定位；合并是指对主文档和数据源通过域进行组合，生成邮件文档。

11.1 　创建主文档

　　主文档是作为信函、电子邮件、信封、标签、目录及普通 Word 文档内容的文档，包含每个对象中相同的文本和图形。创建主文档的同时，用户还可以对其页面和字符等格式进行设置。例如，创建一个新文档作为学生成绩通知书，步骤如下。

　　新建一个 Word 文档，单击"邮件"选项卡中的"开始邮件合并"按钮，弹出快捷菜单，如图 11-2 所示，选择"普通 Word 文档"作为主控文档，在这个空白的主控文档中进行编辑，输入内容并设置合适的格式，如图 11-3 所示。

图 11-2　开始邮件合并

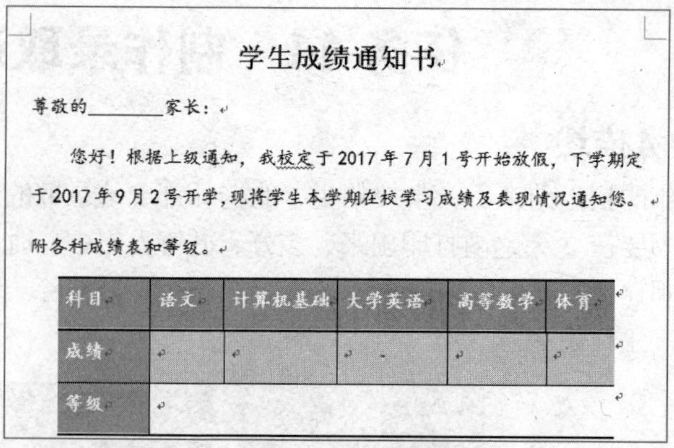

学生成绩通知书

尊敬的＿＿＿＿家长：

您好！根据上级通知，我校定于 2017 年 7 月 1 号开始放假，下学期定于 2017 年 9 月 2 号开学，现将学生本学期在校学习成绩及表现情况通知您。附各科成绩表和等级。

科目	语文	计算机基础	大学英语	高等数学	体育
成绩					
等级					

图 11-3　主控文档——学生成绩通知书

11.2　创建并选择数据源

要批量制作通知书，除了要有主文档外，还需要明确学生的姓名、各科成绩以及各科等级等信息。用户可以在邮件合并中使用多种格式的数据源，如 Excel 电子表格、OutLook 联系人列表、Word 文档、Access 数据库和文本文件等。

单击"开始邮件合并"组中的"选择收件人"按钮，即选择数据源，弹出快捷菜单，可以是"键入新列表"来直接制作数据源，可以"使用现有列表"来选择已经做好的数据源，还可以"从 Outlook 联系人中选择"，如图 11-4 所示。

图 11-4　数据源选择

11.3　插入域

在"邮件"选项卡的"编写和插入域"组中，在"地址块"和"问候语"位置可以添加信函地址和问候语；"插入合并域"是将数据列表中的字段插入到文档中；"突出显示合并域"是将插入的域以阴影的形式突出显示。

11.4　邮件合并

合并文档是邮件合并的最后一步，可以首先单击"预览结果"，查看合并后的效果，如果对合并的结果满意，就可以进行合并工作。

单击"完成并合并"，弹出快捷菜单，如图 11-5 所示，有 3 种合并的方式：编辑单个文档、打印文档和发送电子邮件，我们可以根据自己的需要进行选择。合并完成之后，需要对合并的文档进行保存。

图 11-5　邮件合并选择

任务实施

为了有效地提高打印录取通知书的工作效率，我们可以利用 Word 2010 软件邮件合并功能，让每张录取通知书自动生成人名、专业名。具体操作如下。

1．设定主控文档

打开已经存在的"录取通知书.docx"文档，作为主控文档。

2．设定数据源

设计图 11-1 所示的内容版式。

单击"邮件"选项卡，选择"开始邮件合并"，在快捷菜单中选择"信函"，如图 11-2 所示。

微课：制作录取通知书

单击"选择收件人"，如图 11-4 所示，在快捷菜单中选择"使用现有列表"，弹出"选取数据源"对话框，查找到"录取名单"电子表格，选中，如图 11-6 所示。单击"打开"，弹出"选择表格"对话框，如图 11-7 所示，选择名单所在工作表名"sheet1"，单击"确定"。

图 11-6　选取数据源文件

图 11-7　选取数据表

3．插入合并域

将鼠标光标定位到主控文档中需要添加姓名的位置，单击"插入合并域"，插入"姓名"域，依次将所有域添加完成，如图 11-8 所示。单击"预览结果"，将看到第一个人的结果，如图 11-9 所示。

4．合并到新文档

单击"完成并合并"，弹出"合并到新文档"对话框选择"全部"，则全部数据已经生成，产生一个新文件，文件名为"信函 1"，共有 35 个录取通知书，单击"保存"按钮，完成文档的保存工作，其中一张录取通知书就制作完成了，效果如图 11-1 所示。

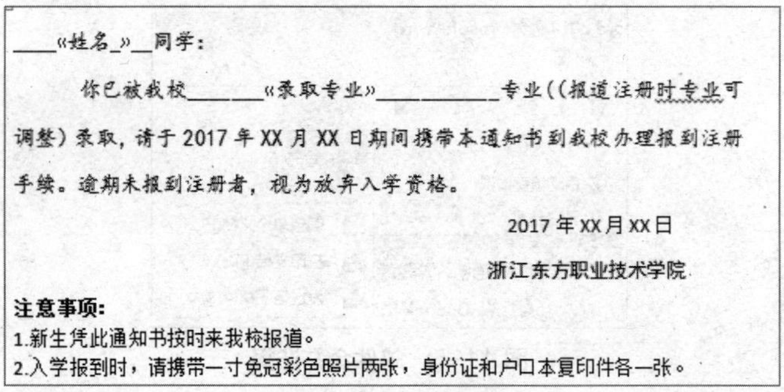

___《姓名_》__同学：

你已被我校_____《录取专业》_____专业（（报道注册时专业可调整）录取，请于 2017 年 XX 月 XX 日期间携带本通知书到我校办理报到注册手续。逾期未报到注册者，视为放弃入学资格。

2017 年 XX 月 XX 日

浙江东方职业技术学院

注意事项：

1.新生凭此通知书按时来我校报道。

2.入学报到时，请携带一寸免冠彩色照片两张，身份证和户口本复印件各一张。

图 11-8　添加域名

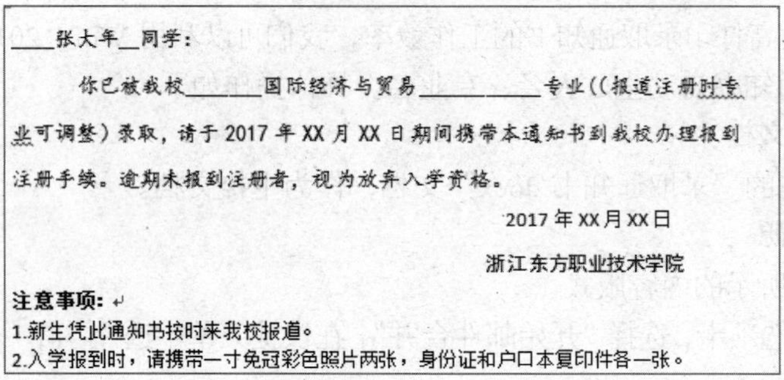

___张大年__同学：

你已被我校_____国际经济与贸易_____专业（（报道注册时专业可调整）录取，请于 2017 年 XX 月 XX 日期间携带本通知书到我校办理报到注册手续。逾期未报到注册者，视为放弃入学资格。

2017 年 XX 月 XX 日

浙江东方职业技术学院

注意事项：↵

1.新生凭此通知书按时来我校报道。

2.入学报到时，请携带一寸免冠彩色照片两张，身份证和户口本复印件各一张。

图 11-9　预览效果

课后练习

答案：课后练习——
制作校庆邀请函

已存文档"校庆邀请函.pdf"和电子表格"校庆邀请名单.xlsx"，按要求完成邮件合并功能，其中一张效果图如图 11-10 所示。

1．新建 Word 文档"校庆邀请函.docx"，设置文档中标题、内容、页面边框等，如图 11-10 所示。

2．以"校庆邀请函.docx"作为主控文档、"校庆邀请名单.xlsx"作为数据源进行合并。

3．以"信函"为文档类型，完成邮件合并工作，合并结果保存名为"邀请函.docx"。

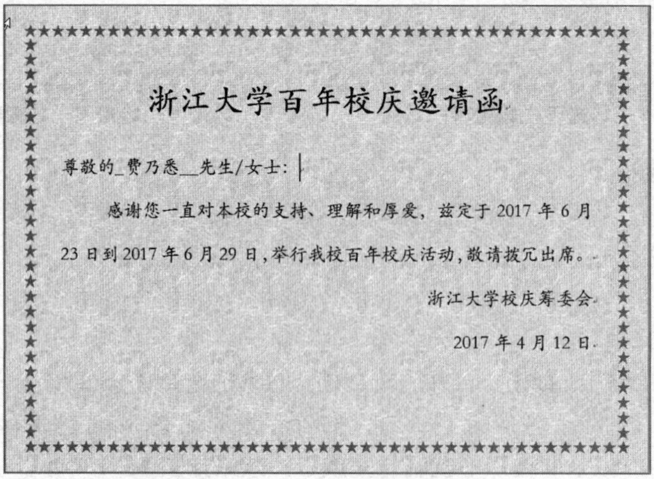

浙江大学百年校庆邀请函

尊敬的_费乃恕__先生/女士：

感谢您一直对本校的支持、理解和厚爱，兹定于 2017 年 6 月 23 日到 2017 年 6 月 29 日，举行我校百年校庆活动，敬请拨冗出席。

浙江大学校庆筹委会

2017 年 4 月 12 日

图 11-10　邀请函效果图

小结

　　本章介绍了 Word 2010 的使用方法，从基本的编辑操作功能，到图文混排、表格的制作、论文高级排版的方法以及非常实用的邮件合并功能，整个内容覆盖了 Word 的绝大部分知识点。通过任务描述、知识点讲解、任务实例操作以及课后补充练习，读者可以不断巩固学习的成果。经过本章学习，读者应基本掌握了 Word 2010 的使用方法，能够胜任日常生活中的文字排版工作。

第 4 章
Excel 2010 电子表格

　　Microsoft Excel 是微软公司推出的办公软件 Office 2010 的重要组件，它可以进行各种数据的处理、统计分析和辅助决策操作，广泛应用于管理、统计财经、金融等众多领域。Excel 可以执行计算，分析信息并管理电子表格中的数据信息列表与制作数据资料图表。本章将结合多个典型的任务来详细介绍 Excel 2010 软件的使用方法，包括基本操作、格式设置、公式与函数的计算、数据的排序与筛选、图表的创建与分析等。

本章学习目标：

- 掌握工作簿与工作表的基本概念及基本操作
- 掌握单元格的基本操作及个性化设置
- 掌握工作表数据的输入、编辑及统计等操作
- 熟练掌握公式与函数的应用
- 熟练掌握数据的排序、筛选与分类汇总操作
- 熟练掌握图表的建立与编辑方法

任务 12　制作学生成绩表

任务描述

　　小王是班级的学习委员，班主任郑老师希望小王根据班级同学的考试成绩，制作一张学生成绩表。小王利用 Excel，通过对表格的基本格式的设置，很直观地反映出全部同学的各科成绩，他制作的学生成绩表的效果如图 12-1 所示。

图 12-1　学生成绩表效果图

相关知识

12.1 认识 Excel 2010

12.1.1 Excel 2010 的启动与退出

1．启动 Excel 2010

在计算机中安装好 Office 2010 后，便可以启动 Excel 2010 程序，常用的方法有如下 3 种。

（1）单击任务栏左侧的"开始"按钮，在弹出的菜单中选择"所有程序"→"Microsoft Office"→"Microsoft Excel 2010"，可启动 Excel 2010。

（2）创建了 Excel 2010 的桌面快捷方式后，双击桌面上的 Excel 2010 快捷方式图标，可启动 Excel 2010。

（3）双击已创建的扩展名为.xlsx 的 Excel 文档可启动 Excel 2010，并打开相应的 Excel 文档内容。

2．退出 Excel 2010

退出 Excel 2010 的方法主要有以下 3 种。

（1）在功能区中选择"文件"选项卡，单击左侧窗格的"退出"选项，选择"退出"命令。

（2）单击 Excel 2010 窗口标题栏最右侧的"关闭"按钮。

（3）单击 Excel 2010 窗口左上角的"软件图标"按钮，在弹出的菜单中选择"关闭"命令，或双击这个图标按钮，即可退出 Excel。

12.1.2 Excel 2010 的工作界面

启动 Excel 2010 后即进入其操作界面，主要由标题栏、快速访问工具栏、功能选项卡、功能区、名称框、编辑栏、工作表编辑区、工作表标签和状态栏等元素组成，如图 12-2 所示。

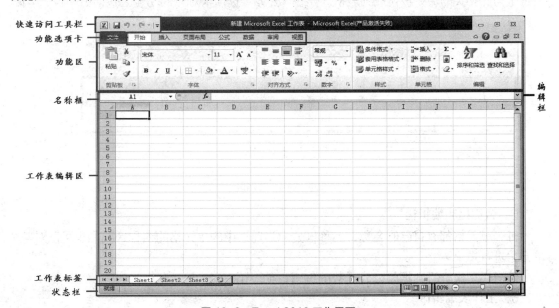

图 12-2 Excel 2010 工作界面

1．标题栏

标题栏位于 Excel 2010 操作界面的最顶端，其中显示了当前编辑的文档名称和程序名称。标题栏的最右侧有 3 个窗口控制按钮，分别用于对 Excel 2010 的窗口执行最小化、最大化/还原和关闭操作。

2．快速访问工具栏

快速访问工具栏用于放置一些使用频率较高的工具。默认情况下，该工具栏包含了"保存" 、"撤销" 和"恢复" 按钮。用户还可自定义按钮，只需单击该工具栏右侧的 按钮，在打开的下拉列表中选择相应选项即可。另外，通过该下拉列表，我们还可以设置快速访问工具栏的显示位置。

3．功能选项卡

Excel 2010 默认显示有开始、插入、页面布局、公式、数据、审阅、视图、开发工具等功能选项卡，绝大部分命令集成在这几个功能选项卡中，这些选项卡相当于菜单命令，单击某个功能选项卡可显示相应的功能区，如图 12-3 所示。

图 12-3 功能选项卡

4．功能区

功能区位于功能选项卡的下方，有许多自动适应窗口大小的工具栏，不同的工具栏中又放置了与此相关的命令按钮或列表框。如在"开始"选项卡对应的功能区包括剪贴板、字体、对齐方式、数字、样式、单元格和编辑等工具栏，如图 12-4 所示。

图 12-4 功能区

5．名称框和编辑栏

每个单元格都有自己的名称，名称框显示当前选中的单元格的名称，我们也可以对某个单元格进行重命名。

编辑栏用来进行数据和公式函数的编辑，如图 12-5 所示。

6．工作表编辑区

用于显示和编辑工作表中的数据信息。

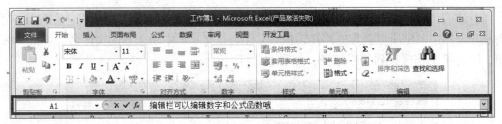

图 12-5　名称框和编辑栏

7．工作表标签

位于工作界面的左下角，默认名称为 Sheet1、Sheet2、Sheet3……单击不同的工作表标签可以在工作表之间进行相互切换。

8．状态栏

状态栏位于工作界面最下方，主要用于显示当前状态，右侧还有视图切换按钮以及页面显示比例等信息，如图 12-6 所示。

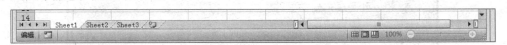

图 12-6　状态栏

12.2　工作表的基本操作

Excel 电子表格的基本操作包括对工作簿、工作表、单元格的操作，这是熟练掌握 Excel 电子表格的根本。

12.2.1　工作簿和工作表

在 Excel 中，工作簿是用来存储和处理数据的主要文档，就是我们所说的电子表格，扩展名为.xlsx。用户处理的各种数据都是以工作表的形式存储在工作簿中，一个工作簿可以包含一张或多张工作表，最多可以包含 255 张工作表。

1．工作簿

（1）新建工作簿。

启动 Excel 2010 后，系统会创建一个名为"工作簿 1"的空白工作簿，并且在工作簿中有默认的 3 张空白工作表，分别为 Sheet1、Sheet2 和 Sheet3。若需再次新建一个工作簿，可用以下 3 种方法。

- 单击"文件"选项卡，选择"新建"选项，在中间窗格的"可用模板"列表框中出现"空白工作簿"图标，单击右侧的"创建"按钮。
- 使用组合键<Ctrl+N>，可新建一个工作簿。
- 单击快速访问工具栏的"新建"按钮，可新建一个工作簿。

（2）保存工作簿。

Excel 电子表格编辑完后，此时工作簿还驻留在计算机的内存中，需要对其进行保存，以备日后使用，可用以下几种方法。

- 单击快速访问工具栏的"保存"按钮。
- 单击"文件"选项卡，选择"保存"选项。
- 使用组合键<Ctrl+S>。

当新建的工作簿第一次执行"保存"操作时，会弹出"另存为"对话框。在对话框的左侧资源管理器中单击所要选定的路径，在"文件名"文本框中输入新的文件名，单击"保存"按钮，即可将文档保存到相应路径，如图 12-7 所示。

图 12-7 "另存为"对话框

（3）打开工作簿。

打开工作簿的方法通常有以下 3 种。

- 直接双击电子表格工作簿的图标，系统将在启动 Excel 的同时打开该 Excel 工作簿。
- 打开 Excel 应用程序后，单击"文件"选项卡中的"打开"命令，在"打开"对话框左侧的资源管理器中单击所要选定的磁盘，则对话框右侧的"名称"列表框就列出了该磁盘下包含的文件夹和文档。选择相应工作簿，单击"打开"按钮即可。
- 如果要打开最近使用过的文档，单击"文件"选项卡中的"最近使用文件"命令，就可以看到，单击相应文件簿即可打开，如图 12-8 所示。

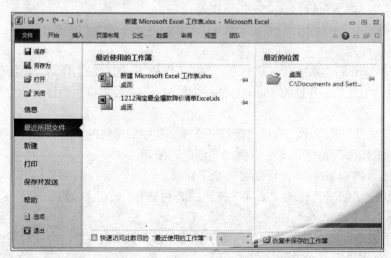

图 12-8 "最近使用文件"命令

（4）关闭工作簿。

关闭工作簿的方法有以下 3 种。

- 单击"文件"选项卡，选择"退出"选项。
- 单击窗口右上角的"关闭"按钮。
- 使用组合键<Alt+F4>。

2．工作表

微课：新建工作表

工作表位于工作簿的中央区域，是 Excel 的基本工作单位，是由行和列构成的表格。它主要由单元格、行号、列标和工作表标签等组成。行号依次用数字 1, 2……65 536 显示在工作簿窗口的左侧；列标依次用字母 A, B……XFD 显示在工作簿窗口的上方。默认情况下，一个工作簿包含 3 张工作表，用户可以自行添加和删除工作表，但工作簿窗口只能最大化显示一张工作表。

（1）新建工作表。

单击 Sheet3 表右侧的按钮 Sheet1 Sheet2 Sheet3 ，即可新建工作表。也可以右击任意一张工作表标签，会弹出快捷菜单，选择"插入"，在弹出的对话框中选择"工作表"，确认后方可新建工作表，如图 12-9 所示。

图 12-9　新建工作表

（2）删除工作表。

当某张工作表不再需要时，可以将其删除。只需要选中要删除的工作表，右击工作表标签，在出现的快捷菜单中选择"删除"，即可完成删除，如图 12-10 所示。

图 12-10　删除工作表

（3）重命名工作表。

当需要修改某张工作表的名称时，同样选中要重命名的工作表，右击工作表标签，在出现的快捷菜单中选择"重命名"，输入新的工作表名称即可，如图 12-11 所示。

图 12-11　重命名工作表

（4）移动与复制工作表。

工作表的位置可以变动，只需要进行相应"移动"操作，也可以根据自己的需求对工作表进行复制。对工作表的移动与复制操作可以在同一个工作簿，也可以在不同的工作簿。

对于同一工作簿中的工作表要进行移动操作，只需要直接拖动相应工作表标签到合适的位置松开鼠标即可完成。如果要实现复制操作，要在拖动工作表的同时按下<Ctrl>键。

对于不同工作簿间的工作表移动或复制操作，首先打开两个工作簿，把要移动或复制的工作表选中，右击该工作表标签，然后打开快捷菜单，选择"移动或复制"，在弹出的"移动或复制工作表"对话框中，选择目标工作簿，如图 12-12 所示的"工作簿 2"，勾选"建立副本"选项，就可实现将原来工作簿 1 中的工作表复制到工作簿 2 中，若未勾选"建立副本"选项，则实现移动操作。

图 12-12　"移动或复制工作表"对话框

（5）拆分工作表。

微课：拆分工作表

拆分工作表可以将一个工作表拆分成多个窗格，在每个窗格中都可以进行操作，这样有利于对长表格的前后对照查看。要拆分工作表，首先选择作为拆分中心的单元格，然后选择"视图—拆分"，在工作表里会显示 4 个窗格，如图 12-13 所示。这时候能够很方便地查看每个同学的各科成绩。如果要取消拆分，可以直接在分割线上双击鼠标。

138

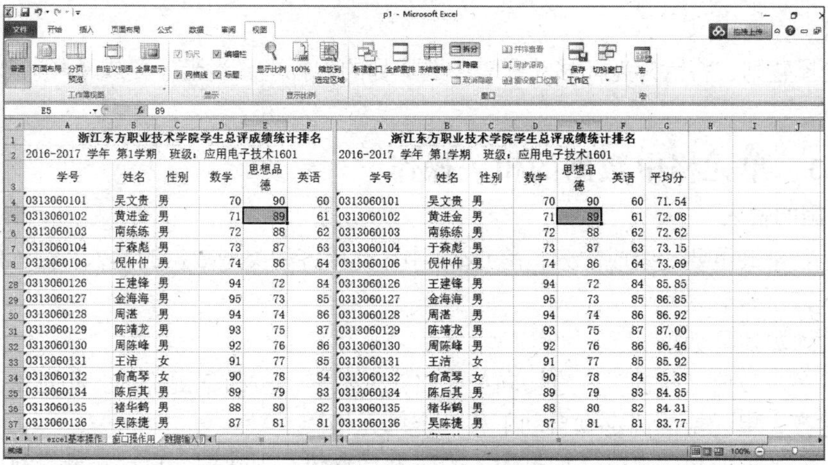

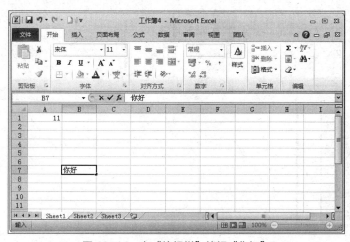

图 12-13　拆分工作表

12.2.2　单元格和单元格区域的选择

在 Excel 中，每张工作表均由行和列构成，行和列交叉形成的带有边框的小方格称为单元格。单元格是 Excel 中最基本的存储数据单元，也是 Excel 进行数据处理的最小单位。单元格通过对应的行号和列标进行命名和引用，单元格地址可表示为"列标+行号"，例如"B7"代表位于第 B 列第 7 行的单元格。

在执行 Excel 命令之前，首先需要选中作为操作对象的单元格。这种用于输入或编辑数据，或是执行其他操作的单元格称为活动单元格。例如，单击 B7 单元格，可使 B7 单元格成为活动单元格，同时在编辑栏的名称框中显示单元格的地址 B7。如果在该单元格中输入"你好"，则同时在编辑栏的数据编辑区中将显示单元格中的内容"你好"，如图 12-14 所示。

图 12-14　在"编辑栏"编辑"你好"

在 Excel 中，要输入数据，首先要选择相应的单元格，以下介绍几种选择单元格的方法。

（1）选择单个单元格：直接单击单元格，或在名称框中输入要选择的单元格的名称后按 <Enter>键确认输入即可。

（2）选择所有单元格：单击行号和列标的交叉处按钮 进行全选，或者按下快捷键 <Ctrl+A>即可选中工作表中的所有单元格。

（3）选择整行：将鼠标光标移动到需要选择行的行号上，当光标变成 ➡ 形状时，单击即可完成选择。

（4）选择整列：将鼠标光标移动到需要选择列的列标上，当光标变成 ← 形状时，单击即可完成选择。

12.2.3　单元格中数据的相关操作

1．数据的输入

数据是表格最重要的组成部分，在 Excel 中，支持各种类型数据的输入，输入的数据类型不同，输入方法也有区别。

（1）输入数值型数据。

输入大多数数值型数据时，直接向单元格输入数字，按回车键确认。此时单元格中的数字自动右对齐，单元格的选定框自动下移一个单元格。

当输入的数据位数较多时，如果输入的数据是整数，则数据会自动转换为科学计数表示方法。

输入分数：单击选中单元格，在输入分数前先输入数字 0 和空格，再输入分数，回车后在单元格靠右处显示分数，同时在编辑栏显示分数的小数值。

（2）输入文本型数据。

文本型数据是指汉字、英文，或由汉字、英文、数字所组成的字符串。选中需要输入数据的单元格，直接输入文本内容，输入的内容同时会显示在编辑栏中。

像学号、身份证号码、电话号码等这类信息，看似是数值型数据，但实际这些数据不参加任何运算，仅作为序号，通常也作为文本型数据输入。在输入这些数据前，先将这些单元格的数字格式修改为"文本"，然后再输入即可完成，如图 12-15 所示。

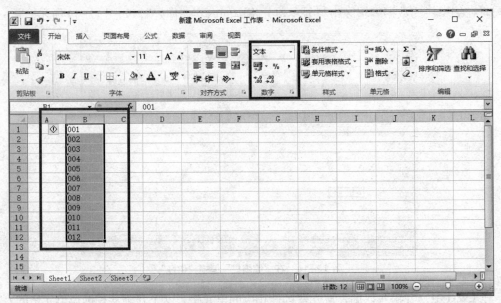

图 12-15　"文本"类型

（3）输入系列数据。

对于一些有规律的数据，如：1、2、3、4、5、6……一月、二月、三月……星期一、星期二、星期三……这些有规律的数据称为系列数据。系列数据不必逐个输入，可以利用"填充柄"快捷生成。如希望在相邻的单元格中输入相同或有序的数据，可首先在第一个单元格中输入示例数据，然后上、下，或左、右拖动填充柄即可，如图 12-16 所示。

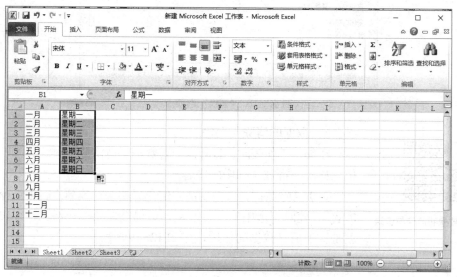

图 12-16 "填充"有规律数据

2．数据的查找与替换

查找与替换是 Excel 表格编辑过程中经常要执行的操作。使用"查找"命令，可以在工作表中迅速找到那些含有指定字符、文本、公式等的单元格；使用"替换"命令，可以在查找的同时自动进行替换，不仅可以用新的内容替换查找到的内容，还可以将查找到的内容替换为新的格式，从而大幅度提高工作效率。

3．查找数据

一些复杂的工作表往往包含了大量的数据，当需要在数据表中查看特定数据或数值时，可单击工作表中任意单元格，然后单击"开始"选项卡"编辑"功能区中的"查找和选择"按钮，选择"查找"，打开"查找和替换"对话框，在"查找内容"编辑框中输入要查找的内容，单击"查找下一个"按钮，如图 12-17 所示。

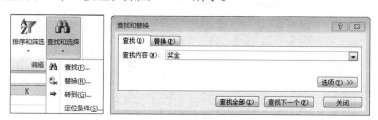

图 12-17 "查找"选项卡

4．替换数据

替换数据用于将工作表中的指定数据快速替换为其他数据，在对工作表进行更新，或者批量修改数据时，通过替换可以快速完成数据的修改以及替换。打开"查找和替换"对话框，切换到"替换"选项卡，如图 12-18 所示。然后在"查找内容"编辑框中输入要查找的内容，在"替换为"编辑框中输入要替换为的内容。此时，若单击"替换"按钮，将逐一对查找到的内容进行替换；单击"全部替换"按钮，将替换所有符合条件的内容；单击"查找下一个"按钮，将跳过查找到的内容（不替换）。

图 12-18 "替换"选项卡

5．数据的清除与删除

微课：数据的清除与删除

在编辑工作表时，有时需要对数据进行清除与删除，可以是一个单元格、一行或一列中的内容。

（1）清除数据：选中要清除的单元格、行或列，右击选择"清除内容"，此时将选中的内容清空，但仍然保留单元格。按<Delete>键就是实现清除数据的作用，如图 12-19 所示。

图 12-19 清除内容操作

（2）删除数据：选中要删除的单元格、行或列，右击选择"删除"，此时不仅是选中的内容删除了，就连这一行的位置也删除了。如果删除的是某一个单元格，则会出现"删除"对话框进行提示，按需求进行选择即可，具体如图 12-20 和图 12-21 所示。

图 12-20 删除操作

图 12-21 "删除"对话框

12.3　工作表的美化

12.3.1　单元格格式的设置

输入数据后，还需要对工作表进行美化，即对工作表的单元格进行格式设置。

1．设置单元格数字格式

在 Excel 中，数据类型有常规、数字、货币、会计专用、日期、时间、百分比、分数和文本等。工作表中的单元格数据在默认情况下为常规格式。当用户在工作表中输入数字时，数字以整数、小数方式显示。在"开始"选项卡的"数字"功能区中，可以设置这些数字格式。若要详细设置数字格式，则需要在"设置单元格格式"对话框的"数字"选项卡中操作，如图 12-22 所示。

图 12-22　"数字"选项卡

2．设置数据的对齐方式

对齐方式是指单元格中的数据在单元格中上、下、左、右位置上的相对位置。Excel 允许为单元格数据设置的对齐方式包括：靠左对齐、靠右对齐、合并居中等。通常情况下，输入到单元格中的文本靠左对齐，数字靠右对齐，逻辑值和错误值居中对齐。此外，Excel 还允许用户为单元格中的内容设置其他对齐方式，如合并后居中、旋转单元格中的内容等。在"设置单元格格式"对话框的"对齐"选项卡里进行设置，如图 12-23 所示。

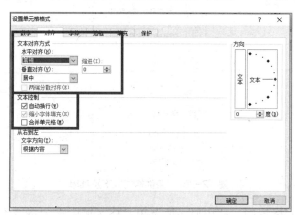

图 12-23　"对齐"选项卡

3．设置单元格边框和底纹

通常，Excel 工作表中单元格的边框线都是浅灰色的，它是 Excel 默认的网格线，打印时是不出现的（除非专门进行了设置）。而用户在日常工作中，如制作财务、统计等的报表时，常常需要把报表设计成各种各样的表格形式，使数据及其说明文字更加清晰直观，这就需要通过设置单元格的边框和底纹来实现。对于简单的边框设置和底纹设置，可在选定要设置的单元格区域后，单击"开始"选项卡的"字体"功能区中的"边框"按钮⊞·和"填充颜色"按钮◇·进行设置，也可以直接打开"设置单元格格式"对话框中的"边框"和"填充"选项卡来进行相应设置，如图 12-24 和图 12-25 所示。

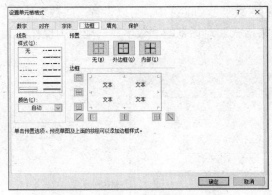

图 12-24 "设置单元格格式"对话框

图 12-25 "填充"背景色

12.3.2 条件格式

在编辑 Excel 工作表时，有些时候需要将某些满足条件的单元格以醒目的方式突出显示，便于更加直观地对该工作表中的数据进行比较和分析。通过设置条件格式，用户可以将不满足或满足某条件的数据单独以醒目的方式显示出来，并可以对满足一定条件的单元格设置字形、颜色、边框、底纹等格式。

微课：条件格式

要设置条件格式，首先选中要设置条件格式的单元格区域，然后单击"开始"选项卡"样式"功能区中的"条件格式"按钮 条件格式 ，在弹出的下拉菜单中提供了 5 种条件规则，如图 12-26 所示。

图 12-26 "条件格式"下拉菜单

（1）突出显示单元格规则：突出显示所选单元格区域中符合特定条件的单元格。

（2）项目选取规则：其作用与突出显示单元格规则相同，只是设置条件的方式不同。

（3）数据条：使用数据条来标识各单元格中数据值的大小，从而方便查看和比较数据。

（4）色阶：使用颜色的深浅或刻度来表示值的高低。其中，双色刻度使用两种颜色的渐变来帮助比较单元格区域。

（5）图标集：使用图标集可以对数据进行注释，并可以按照阈值将数据分为 3～5 个类别，每个图标代表一个值的范围。

12.3.3　自动套用格式

在 Excel 2010 中，系统预置了 60 种常见的格式，如图 12-27 所示。通过设置，初学用户也可以很快地制作出非常精美的工作表，这就是"自动套用格式"功能。

微课：自动套用格式

使用自动套用格式，只需要选定要自动套用格式的单元格区域，单击"开始"选项卡的"样式"功能区中的"套用表格样式"按钮 ，在弹出的下拉菜单中按需求进行设置选择即可。

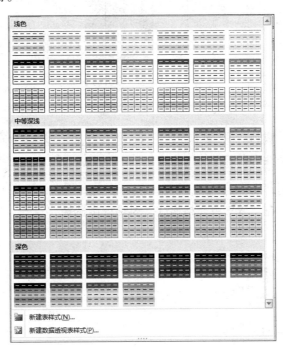

图 12-27　"套用表格样式"下拉菜单

任务实施

小王利用 Excel 知识，帮助郑老师制作了能够直观反映全班同学各科成绩的成绩表，具体的操作步骤如下。

（1）新建 Excel 工作簿，在 Sheet1 表中输入学生的所有考试成绩。

鼠标右键单击桌面，在弹出的快捷菜单中选择"新建"→"Microsoft Excel 工作表"，新建完工作簿后，打开工作簿，在 Sheet1 的 A1 单元格开始输入学生的姓名以及语文、数学和英语成绩，最后保存。

微课：任务实施

（2）再将工作表 Sheet1 重命名为"学生成绩表"。

右击工作表标签"Sheet1"进行工作表重命名，输入"学生成绩表"，如图 12-28 所示。

（3）在"姓名"列前插入"学号"列，学号为"02017001"～"02017025"。

选中 A 列，单击鼠标右键，在弹出的快捷菜单中选择"插入"，在"姓名"列前就插入了一列，在 A1 单元格中输入"学号"，选中 A 列中所有单元格，右键单击鼠标进行单元格格式的设置，将 A 列的单元格类型设置成"文本"，然后在 A2 单元格中输入"02017001"，接着用填充柄填充 A 列的学号，如图 12-29 所示。

图 12-28 "学生成绩表"

图 12-29 产生"学号"列

（4）将"姓名"列"居中"。

选中"姓名"列，在"设置单元格格式"对话框中选择"对齐"→"水平对齐"→"居中"，如图 12-30 所示。

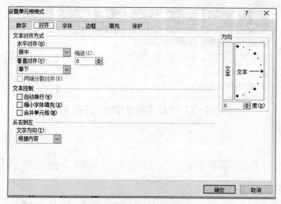

图 12-30 "对齐"选项卡

（5）修改"胡学波"同学的语文成绩为"85"。

选中"姓名"列，单击"开始"选项卡下"编辑"中的"查找和选择"，在下拉菜单中选择"查找"，打开"查找"对话框，在"查找内容"里填写"胡学波"，如图 12-31 所示，单击"查找下一个"即可找到。找到后把胡学波同学对应的语文成绩所在单元格修改为"85"即可。

146

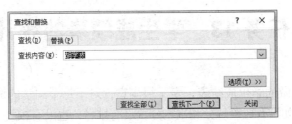

图 12-31 "查找和替换"对话框

（6）利用条件格式，对"语文""数学"和"英语"成绩大于 85 的设置红色加粗字体突出显示。

选择各科成绩所在的所有单元格，单击"开始"选项卡下"样式"组中的"条件格式"，在下拉菜单中选择"突出显示单元格规则"→"大于"，弹出"大于"对话框。在"为大于以下值的单元格设置格式"中填入"85"，"设置为"填入"自定义格式"，在弹出的对话框里设置"红色"及"加粗"效果，设置条件格式后的最后效果如图 12-32 所示。

	A	B	C	D	E	F
1	学号	姓名	语文	数学	英语	
2	02017001	吴文贵	75	85	80	
3	02017002	黄进金	68	75	64	
4	02017003	南练练	58	69	75	
5	02017004	于森彪	94	90	91	
6	02017005	倪仲仲	84	87	88	
7	02017006	戴秀杰	72	68	85	
8	02017007	李丕峰	85	71	76	
9	02017008	顾勤勤	88	80	75	
10	02017009	张锋	78	80	76	
11	02017010	何莲莲	94	87	82	
12	02017011	章合杰	60	67	71	
13	02017012	周林豪	81	83	87	
14	02017013	林敏	71	84	67	
15	02017014	毛建荣	68	54	70	
16	02017015	章亮亮	75	85	80	
17	02017016	沈妮妮	68	75	64	
18	02017017	张鑫	58	69	75	
19	02017018	何福新	94	89	91	
20	02017019	胡学波	85	87	88	
21	02017020	朱志旭	72	64	85	
22	02017021	林利军	85	71	70	
23	02017022	刘建克	87	80	75	
24	02017023	许跃群	78	64	76	
25	02017024	林晓峰	80	87	82	
26	02017025	王建锋	60	68	71	

图 12-32 最终效果图

课后练习

打开"员工基本信息表"，要求结合所学知识完成以下操作。

1. 在第 1 行前插入一行，添加表格的标题为"员工信息表"，合并居中。

2. 对姓名为"王五"的员工添加批注，批注内容为"第一小组组长"。

3. 设置"基本工资"列的数据格式为货币类型，小数位数为 1。

4. 设置"基本工资"列的条件格式为"满足大于等于 3000 并且小于等于 3500 的数值用加粗倾斜，单元格的背景颜色设置为蓝色"。

微课：课后练习

5. 设置表格的外边框为红色双线，粗细为 1 磅，内边框为红色细实线，粗细为 0.5 磅。

任务 13　学生成绩表的统计

任务描述

郑老师看了小王做的学生成绩表，表示很满意，对于每个同学的成绩一目了然，但老师觉得还有所欠缺，比如没有成绩总分和平均分，没有排名，也没有相关的汇总情况。小王灵机一动，决定利用 Excel 的公式与函数计算相关成绩和排名，用筛选和分类汇总来进行相关汇总。

相关知识

13.1　基本公式和函数

公式与函数是 Excel 电子表格最重要的核心部分。Excel 提供了许多类型的函数，方便我们在公式中利用函数进行计算和数据处理。

13.1.1　运算符与公式

1．公式

在 Excel 中，单元格除了可以存储数值、文字、日期和时间等类型的数据，还可以存储计算公式，公式可以调用其他单元格或单元格区域的数据。

公式是以等号开头的式子，语法为 "=表达式"。它以一个等号 "=" 开头，由常量、各种运算符，以及 Excel 内置的函数和单元格引用等组成。例如公式 "=AVERAGE(A1:B3)* 2"，其中就包含了数值型常量 "2"、运算符 "*"、Excel 内置函数 "AVERAGE()"、单元格区域引用 "A1:B3"。

2．运算符

Excel 中的运算符有 4 类，分别是算术运算符、文本运算符、比较运算符和引用运算符。

（1）算术运算符。

算数运算符的作用是完成基本的数学运算，包括加（＋）、减（－）、乘（＊）、除（／）、百分数（％）和乘方（＾）。算术运算符有相应的优先级，优先级最高的是百分数（％），其次是乘方（＾），再次是乘（＊）和除（／），优先级最低的是加（＋）和减（－）。

（2）文本运算符。

文本运算符只有唯一一个，就是文本连接符（＆），它可以连接一个或多个字符串产生一个长文本。例如，"Windows" ＆ "操作系统"，就产生 "Windows 操作系统"。

（3）比较运算符。

比较运算符包括等于（＝）、大于（＞）、小于（＜）、大于等于（＞＝）、小于等于（＜＝）和不等于（＜＞）。它们的作用是可以比较两个值，结果为一个逻辑值，即 "TRUE" 或是 "FALSE"。TRUE 表示条件成立，FLASE 表示条件不成立。

数值的比较按照数值的大小进行；字符的比较按照 ASCII 码的大小进行；汉字的比较按照机内码进行。

（4）引用运算符。

引用运算符的作用是产生一个引用，使用它可以将单元格区域合并进行计算。引用运算符有：冒号（：）、逗号（，）、空格（ ）和感叹号（！）。

冒号（:）——连续区域运算符，对两个引用之间（包括两个引用在内）的所有单元格进行引用。如 A1：B2 表示对 A1、A2、B1、B2 这 4 个单元格的引用

逗号（,）——合并运算符，可将多个引用合并为一个引用。如 A1:A2，C1:C2 表示对 A1、A2、C1、C2 这 4 个单元格的引用。

空格（ ）——交叉运算符，取多个引用的交集为一个引用，该操作符在取指定行和列数据时很有用。如 A1:B3 B1:C3 表示对 B1、B2、B3 这 3 个单元格的引用。

感叹号（!）——三维引用运算符，它可以引用另一张工作表的数据，表达形式为：工作表名!单元格引用区域。如 Sheet1!A1:B3。

通过引用，用户可以在公式中使用工作表中不同部分的数据，或者在多个公式中使用同一单元格的数据。用户还可以引用同一工作簿中其他工作表中的数据。

13.1.2　函数

所谓函数，就是 Excel 中预定义的具有一定功能的内置公式，用于更加快速地完成特定的数据运算。Excel 含有几百种函数，有常用的数学函数，也有专用的统计函数、财务函数、数据库函数、信息函数、文字函数等。函数的语法为：

函数名(参数 1,参数 2,…)

函数名用来标记该函数，括号是必不可少的，括号里面是参数，参数会根据不同的函数来定，可以有 0 个或多个参数。

下面介绍几个常用的函数。

（1）求和函数 SUM。

格式：SUM(number1,number2,…)

功能：返回参数所对应数值的和。

例如：A1:A3 中分别存放着数据 1~3，如果在 A4 中输入=SUM(A1:A3)，则 A4 中的值为 6，编辑栏显示的是公式。

（2）求平均值函数 AVERAGE。

格式：AVERAGE(number1,number2,…)

功能：返回参数所对应数值的算术平均数。

说明：该函数只对参数中的数值求平均数，如区域引用中包含了非数值的数据，则 AVERAGE 不把它包含在内。

例如：A1:A3 中分别存放着数据 1~3，如果在 A4 中输入=AVERAGE(A1:A3)，则 A4 中的值为 2，即为(1+2+3)/3。

如果在上例中的 A3 单元格中输入文本："电子表格"，则 A4 单元的值就变成了 1.5，即为(1+2)/2，A3 虽然包含在区域引用内，但并没有参与平均值计算。

（3）条件函数 IF。

格式：IF (logical_test,value_if_true,value_if_false)

功能：根据条件 logical_test 的真假值，返回不同的结果。若 logical_test 的值为真，则返回 value_if_true，否则，返回 value_if_false。

IF 函数中还可以进行嵌套，最多可以嵌套 7 层。用户可以使用 IF 函数对数值和公式进行条件检测和判断。

（4）取整函数 INT。

格式：INT(number)

功能：返回一个不大于参数 number 的最大整数。

例如：A1 单元格中存储着正实数，求出 A1 单元格数值的整数部分，可以使用：=INT(A1)，求出 A1 单元格数值的小数部分，可以使用：=A1−INT(A1)。又如，=INT(−2.1)的值为−3。

（5）四舍五入函数 ROUND。

格式：ROUND(number,num_digits)

功能：返回数字 number 按指定位数 num_digits 四舍五入后的数字。

说明：num_digits>0，则舍入到指定的小数位数；如果 num_digits=0，则舍入到整数；如果 num_digits<0，则在小数点左侧（整数部分）进行舍入。

例如，公式：=ROUND(3.141 592 6,3)，其值为 3.142；公式：=ROUND(3.141 592 6,0)，其值为 3；又如：=ROUND(123 456,−4)，其值为 120000。

（6）求最大值函数 MAX 和求最小值函数 MIN。

格式：MAX(number1,number2,…)

MIN(number1,number2,…)

功能：用于求参数表中对应数字的最大值。

用于求参数表中对应数字的最小值。

例如：A1:A3 单元格中分别存储：1、2 和 3，则 MAX（A1:A3）=3；MIN（A1:A3）=1。

（7）计数函数 COUNT。

格式：COUNT(value1,value2,…)

功能：计算区域中包含数字的单元格个数。

参数 value 可以有 1 个到 255 个，可以包含或引用各种不同类型的数据，但只对数字型数据进行计数。

与此函数类似的还有 COUNTA，用于计算参数列表所包含的非空单元格数目；COUNTBLANK 用于计算某个区域中空单元格数目。

（8）根据条件计数函数 COUNTIF。

格式：COUNTIF(range,criteria)

功能：统计给定区域内满足特定条件的单元格数目。

参数 range 为需要统计的单元格区域，参数 criteria 为条件，其形式可以是数字、表达式或文本。

13.2　相对引用、绝对引用和混合引用

在 Excel 的公式中，经常需要引用各单元格的内容，引用的作用就是标识工作表上单元格或单元格区域，并指明公式中所使用的数据的位置。

在公式中我们通常不直接输入单元格中的数据，而是输入单元格的引用，让计算机自动去取得引用中的数据。这样做的好处是，一旦被引用的单元格数据发生了变化，公式的计算结果会根据引用对象的最新数据进行更新。在进行填充或复制操作时，公式中的引用会根据引用方式自动进行调整，Excel 中单元格的引用有三种：相对引用、绝对引用和混合引用。

相对引用：直接用列标行号表示的引用。在列上填充时，列标不变，行号会随着填充而变化；在行上填充时，行号不变，列标会随着填充而变化。

微课：相对引用、绝对引用和混合引用

　　绝对引用：在行号和列标前都加上一个"$"符号，在填充时，引用的区域固定不变。"$"符号就是起到固定作用，行号和列标前都加上"$"就把行和列都固定了，因此不管怎么填充，引用的区域不会发生变化

　　混合引用：只在行号或列标前加"$"符号，这样就只对行或列进行了固定，因此混合引用有两种形式：一种是固定行，一种是固定列。

　　在图 13-1 中 A7 单元格使用公式"=A1"进行了相对引用，填充 A7:C9 区域得到相应结果；E7 单元格使用公式"=$A1"进行混合引用，填充 E7:G9 区域得到相应结果；I7 单元格使用公式"A$1"进行混合引用，填充 I7: K9 区域得到相应结果；M7 单元格使用公式"A1"进行绝对引用，填充 M7:O9 区域得到相应结果。

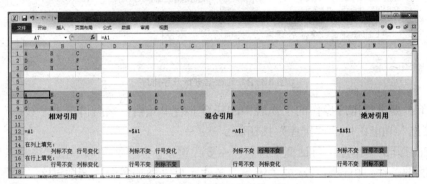

图 13-1　三种引用方式的对比

　　注意：绝对引用和混合引用中的"$"符号不需要手动输入该符号，只需要选择区域后按下<F4>键即会在几种引用形式之间切换。

13.3　排序

　　排序是指对工作表中的数据按照指定的顺序规律重新安排顺序，它能快速直观地显示数据，有助于用户更好地组织并查找所需数据以及最终做出更有效的决策。Excel 允许对一列或多列的数据按文本、数字以及日期和时间进行排序，还可以按自定义序列（如一月、二月、三月……）进行排序。

微课：排序

13.3.1　简单排序

　　简单排序就是直接将序列中的数据按照 Excel 默认的升序或降序的方式排列，这种排序方法比较简单。单击要进行排序的列中的任一单元格，再单击"数据"选项卡的"排序和筛选"功能区中的"升序"按钮$\frac{A}{Z}\downarrow$或"降序"按钮$\frac{Z}{A}\downarrow$，所选列即按照升序或降序方式进行排序。也可以选中要排序的这列数据，同样在工具栏中单击"降序"按钮，在弹出的对话框中选择"扩展选定区域"，单击"排序"按钮，即可完成排序。例如：对所有同学的语文成绩进行降序排列，如图 13-2 所示。

13.3.2　复杂排序

　　复杂排序允许同时对多列进行排序，其排序规则为：先按照第一关键字排序。如果序列中存在重复项，那么继续按照第二关键字排序，以此类推。需要注意的是，在此排序方式下，为了获得最佳结果，要排序的单元格区域应包含列标题。具体操作如下。

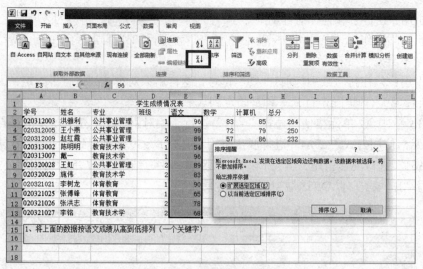

图 13-2 对数据进行升序排序

（1）单击要进行排序操作的工作表中的任意非空单元格，然后再单击"数据"选项卡的"排序和筛选"功能区中的"排序"按钮。

（2）在打开的"排序"对话框中设置"主要关键字"条件，然后单击"添加条件"按钮，添加一个次要条件，再设置"次要关键字"条件，可以添加多个次要关键字。设置完毕，单击"确定"按钮即可。例如，对所有同学的总分降序排列，如果总分相同，则按照数学成绩降序排列，如图 13-3 所示。

图 13-3 在"排序"对话框中的设置

13.4 数据筛选

当用户需要查找或分析工作表中的信息，要查看满足某种条件的所有信息行时，就可以使用 Excel 的筛选功能。Excel 提供了两种筛选方法，即自动筛选和高级筛选。通过筛选，可以隐藏不满足条件的信息行，只显示满足条件的信息行。

微课：自动筛选

13.4.1 自动筛选

自动筛选是一种简单、方便的筛选方法，在包含大量数据的工作表中快速筛选出满足给定条件的信息行，而将其他信息行隐藏。

操作时，首先选中含有数据的任一单元格，选择"数据"选项卡中"排序和筛选"功能区的"筛选"按钮，此时在工作数据表的所有字段名上都会出现一组下拉箭头，单击与条件有关的某个下拉箭头，按照选项选择即可，如图 13-4 所示。

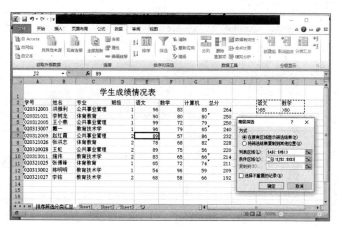

图 13-4　设置自动筛选条件

13.4.2　高级筛选

　　自动筛选可以完成大部分简单的筛选操作，对于条件较为复杂的情况，可以使用高级筛选。高级筛选的结果可以显示在原数据表格中，不符合条件的记录被隐藏；也可以在新的位置显示筛选结果。

　　高级筛选前需要首先定义筛选条件，条件区域通常包括两行或三行，在第一行的单元格中输入指定字段名称，在第二行的单元格中输入对于字段的筛选条件。接着单击"数据"选项卡的"排序和筛选"功能区中的"高级"按钮 ，就可以进入 Excel 的高级筛选对话框，在对话框中按要求选取"列表区域"和"条件区域"以及筛选结果显示的方式即可完成筛选，如图 13-5 所示。

微课：高级筛选

图 13-5　"高级筛选"示例

13.5 分类汇总

分类汇总是按某一字段的内容进行分类（排序）后，不需要建立公式，Excel 会自动对排序后的各类数据进行求和、求平均、统计个数、求最大最小值等各种计算，并且分级显示汇总结果。下面以"按照通过否统计学生人数"的例子来讲解如何建立和撤销分类汇总，如图 13-6 所示。

图 13-6 例题

1. 建立分类汇总

（1）分类：对要分类的字段进行排序。根据题意，先按照"通过否"进行排序，使"通过"的同学集中排在前面，"未通过"的同学集中排在后面。

（2）汇总：单击工作表中任一单元格，单击"数据"选项卡的"分级显示"功能区中的"分类汇总"按钮，弹出"分类汇总"对话框。在"分类字段"里选择"通过否"（按通过否统计学生人数），"汇总方式"选择"计数"，"选定汇总项"选择"学号"（显示在"学号"列），默认选择"替换当前分类汇总"和"汇总结果显示在数据下方"，具体设置如图 13-7 所示。单击"确定"，得到分类汇总结果如图 13-8 所示。

图 13-7 "分类汇总"对话框

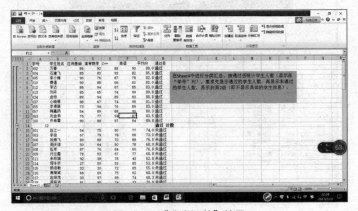

图 13-8 "分类汇总"结果

我们还可以通过行号左边的分级显示符号，显示和隐藏细节数据，分别表示3个级别，其中后一级别为前一级别提供细节数据。这个例子中，总的汇总行属于级别1，"通过"与"未通过"的汇总数据属于级别2，学生的细节数据记录属于级别3。如果要显示或隐藏某一级别下的细节行，可以单击级别按钮下的➕或分级显示符号。这个例子中，要求显示到第2级（不显示具体的学生信息），所以，单击第2级下面的➖，隐藏第3级别学生具体的信息，如图13-9所示。

图13-9 关闭"级别"后的效果

2．删除分类汇总

删除分类汇总的方法是：在"分类汇总"的对话框中单击"全部删除"按钮即可。

任务实施

小王利用自己所掌握的Excel公式与函数的知识，对班级同学成绩表进行了分析和排名，具体操作如下。

微课：任务实施

（1）在F1和G1单元格中分别输入"总分"和"平均分"，在F列和G列对应的单元格中用函数计算每位同学的考试总分和平均分，平均分小数取两位。

首先计算第一位同学"吴文贵"的总分，选中C2:E2单元格，单击"公式"选项卡下"函数库"组中"自动求和"，在下拉菜单中选择"求和"就可以得到第一位同学的总分，然后可以用填充柄填充所有同学的总分。在"自动求和"下拉菜单中可以看到，它除了可以"求和"，还可以"求平均""计数""最大值"和"最小值"等，如图13-10所示。

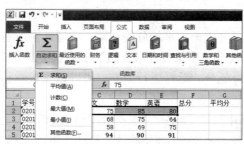

图13-10 "自动求和"按钮

G列的平均分计算可以直接用"自动求和"下拉菜单中的"平均值"，也可以用函数"AVERAGE"完成。首先单击结果要存放的单元格G2，单击"公式"选项卡下"函数库"组中的"插入函数"，在弹出的"插入函数"对话框里用搜索或直接找到"AVERAGE"函数，单击"确定"后弹出"AVERAGE"函数对话框，填入相应参数即可完成计算，如图13-11所示。

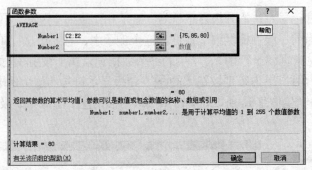

图 13-11 "AVERAGE"参数

最后用填充柄填充得到其他同学的平均分成绩。接着选中所有同学的"平均分",右击,在快捷菜单中选择"设置单元格格式",在弹出的对话框中选择"数字"选项卡中的"数值",设置"小数位数"为 2 位,如图 13-12 所示。

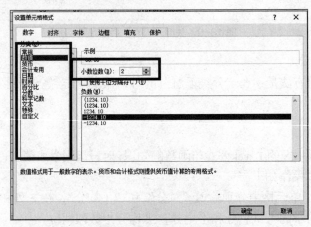

图 13-12 设置小数位数

（2）在"学生成绩表"的 A27 中输入"平均分",A28 中输入"最高分",A29 中输入"最低分",在"语文""数学"和"英语"列相对应的位置计算各科成绩的平均分、最高分和最低分。

选中所有的"语文"成绩,单击"公式"选项卡下"函数库"组中"自动求和",在下拉菜单中选择"平均值"即可完成语文平均分的计算。同理选中所有"语文"成绩（不包括平均分）,在"自动求和"下拉菜单中选择"最大值"即可求得语文成绩的最高分,选择"最小值"即可求得语文成绩的最低分。然后进行填充,可以得到数学和英语相应的成绩,结果如图 13-13 所示。

（3）将"学生成绩表"中除"平均分""最高分"和"最低分"三行外的内容复制到 Sheet2 中,重命名 Sheet2 为"奖学金资格",利用筛选,筛选出每门课都大于等于 85 分的学生,获得评选奖学金的资格。

全选"学生成绩表",对其进行复制,并粘贴到 Sheet2 中,右击工作表标签 Sheet2,将其进行重命名。

本例的筛选可以使用普通筛选,也可以使用高级筛选,这里就用高级筛选来完成。在工作表中先建立高级筛选的条件区域,注意不要与原来的表格连在一起,至少空一行或一列。条件区域建立如图 13-14 所示。

学号	姓名	语文	数学	英语	总分	平均分	籍贯
02017001	吴文贵	75	85	80	240	80.00	绍兴
02017002	黄进金	68	75	64	207	69.00	宁波
02017003	南练练	58	69	75	202	67.33	杭州
02017004	于淼虎	94	90	91	275	91.67	台州
02017005	倪仲仲	84	87	88	259	86.33	台州
02017006	戴秀杰	72	68	85	225	75.00	湖州
02017007	李丕峰	85	71	76	232	77.33	绍兴
02017008	顾勤勤	88	80	75	243	81.00	杭州
02017009	张锋	78	80	76	234	78.00	绍兴
02017010	何莲莲	94	87	82	263	87.67	湖州
02017011	童合杰	60	67	71	198	66.00	温州
02017012	周林豪	81	83	87	251	83.67	台州
02017013	林毅	71	84	67	222	74.00	宁波
02017014	毛建荣	68	54	70	192	64.00	温州
02017015	童亮亮	75	85	80	240	80.00	绍兴
02017016	沈妮妮	68	75	64	207	69.00	宁波
02017017	张鑫	58	69	75	202	67.33	杭州
02017018	何福新	94	89	91	274	91.33	台州
02017019	胡学波	85	87	88	260	86.67	台州
02017020	朱志旭	72	64	85	221	73.67	舟山
02017021	林利军	85	71	70	226	75.33	温州
02017022	刘建克	87	80	75	242	80.67	绍兴
02017023	许跃群	78	64	76	218	72.67	绍兴
02017024	林晓峰	80	87	82	249	83.00	湖州
02017025	王建锋	60	68	71	199	66.33	温州
平均分		76.72	76.76	77.76			
最低分		58	54	64			
最高分		94	90	91			

图 13-13　计算结果

条件区域：

语文	数学	英语
>=85	>=85	>=85

图 13-14　条件区域

接着定位鼠标光标在原始表格中任一单元格，单击"数据"选项卡下"排序和筛选"组中的"高级"筛选图标，弹出"高级筛选"对话框，在对话框中设置"列表区域"和"条件区域"，如图 13-15 所示，接着单击"确定"完成操作。

图 13-15　"高级筛选"对话框

（4）将"学生成绩表"中除"平均分""最高分"和"最低分"三行外的内容复制到 Sheet3 中，重命名 Sheet3 为"数学竞赛名单"，将所有同学的成绩按照"数学"成绩降序排列，作为数学竞赛的候选名单。

微课：任务实施

全选"学生成绩表"，对其进行复制，并粘贴到 Sheet3 中，右击工作表标签 Sheet3，将其进行重命名。

选中任一同学的数学成绩，单击"数据"选项卡下"排序和筛选"组中的"降序"按钮，即完成对数学成绩的排序，结果如图 13-16 所示。

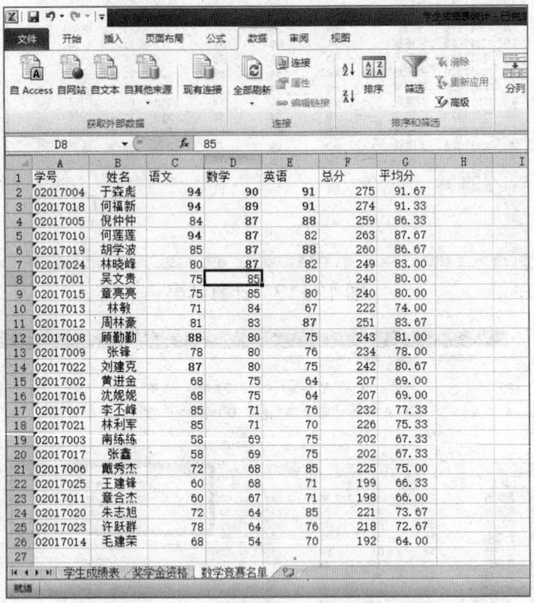

图 13-16 数学成绩降序排列结果

（5）将"学生成绩表"中除"平均分""最高分"和"最低分"三行外的内容复制到 Sheet4 中，重命名 Sheet4 为"学生成绩分类汇总"。在该表的第 G 列后增加一列"优秀否"，利用公式给出具体通过与否的数据：如果平均成绩>=80，则给出文字"优秀"，否则给出文字"及格"（不包括引号）。对该表进行分类汇总，按通过否统计学生人数（显示在"学号"列），要求先显示"优秀"的学生人数，再显示"及格"的学生人数。

全选"学生成绩表"，对其进行复制，并粘贴到 Sheet4 中，右击工作表标签 Sheet4，将其进行重命名。

在 H1 单元格中输入"优秀否"，然后使用 IF 函数对学生的平均成绩进行判断，这里我们要采用 IF 的嵌套来完成，计算公式如图 13-17 所示。

图 13-17 计算公式

接着要进行分类汇总了。分类汇总分两步：第一步分类，第二步汇总。分类实际上就是对数据进行排序，这时候我们要按照“优秀否”对数据进行排列，要求“优秀”排在“及格”前面（排序方法参考第 3 题），排序结果如图 13-18 所示。

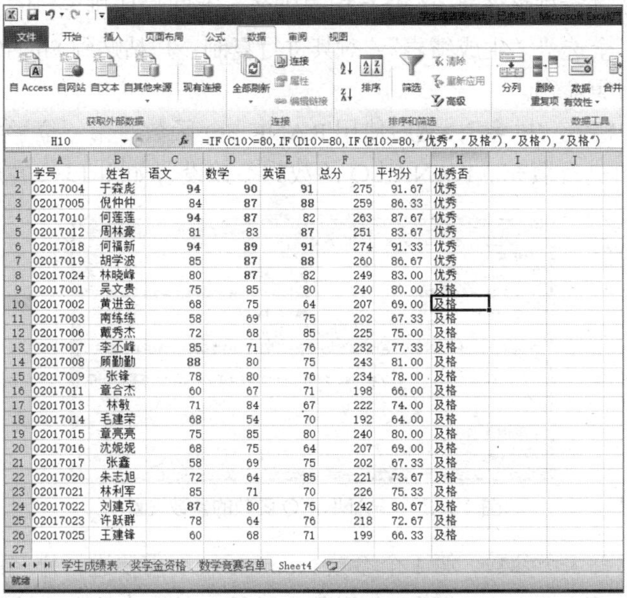

H10 =IF(C10>=80,IF(D10>=80,IF(E10>=80,"优秀","及格"),"及格"),"及格")

	A	B	C	D	E	F	G	H
1	学号	姓名	语文	数学	英语	总分	平均分	优秀否
2	02017004	于森彪	94	90	91	275	91.67	优秀
3	02017005	倪仲仲	84	87	88	259	86.33	优秀
4	02017010	何莲莲	94	87	82	263	87.67	优秀
5	02017012	周林豪	81	83	87	251	83.67	优秀
6	02017018	何福新	94	89	91	274	91.33	优秀
7	02017019	胡学波	85	87	88	260	86.67	优秀
8	02017024	林晓峰	80	87	82	249	83.00	优秀
9	02017001	吴文贵	75	85	80	240	80.00	及格
10	02017002	黄进金	68	75	64	207	69.00	及格
11	02017003	南练练	58	69	75	202	67.33	及格
12	02017006	戴秀杰	72	68	85	225	75.00	及格
13	02017007	李丕峰	85	71	76	232	77.33	及格
14	02017008	顾勤勤	88	80	75	243	81.00	及格
15	02017009	张锋	78	80	76	234	78.00	及格
16	02017011	章合杰	60	67	71	198	66.00	及格
17	02017013	林敏	71	84	67	222	74.00	及格
18	02017014	毛建荣	68	54	70	192	64.00	及格
19	02017015	章亮亮	75	85	80	240	80.00	及格
20	02017016	沈妮妮	68	75	64	207	69.00	及格
21	02017017	张鑫	58	69	75	202	67.33	及格
22	02017020	朱志旭	72	64	85	221	73.67	及格
23	02017021	林利军	85	71	70	226	75.33	及格
24	02017022	刘建克	87	80	75	242	80.67	及格
25	02017023	许跃群	78	64	76	218	72.67	及格
26	02017025	王建锋	60	68	71	199	66.33	及格

图 13-18 排序结果

排序完成后，我们就可以进行汇总了。选择表格中任一有数据的单元格，单击“数据”选项卡下“分级显示”组中的“分类汇总”，在弹出的“分类汇总”对话框中按照题目要求，选择“分类字段”为“优秀否”，“汇总方式”为“计数”，汇总项要求显示在“学号”列，因此选择“学号”项，其他设置根据题目要求默认，“确定”后即完成分类汇总，结果如图 13-19 所示。汇总结果显示“优秀”的有 7 人，“及格”的有 18 人，一目了然。

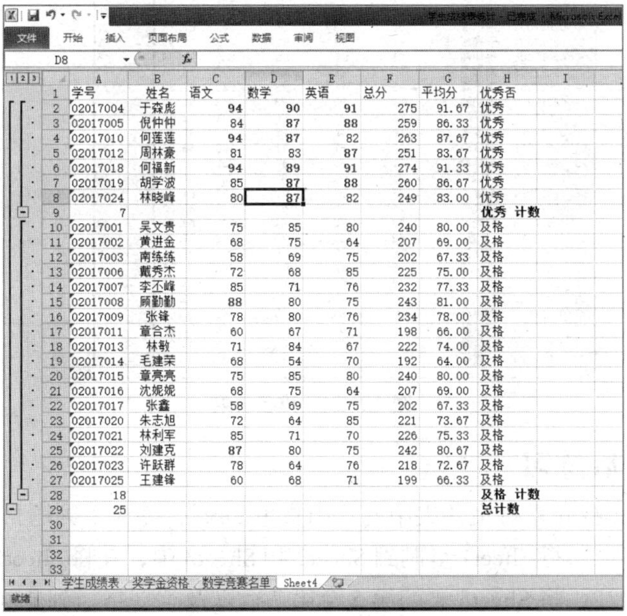

	A	B	C	D	E	F	G	H
1	学号	姓名	语文	数学	英语	总分	平均分	优秀否
2	02017004	于森彪	94	90	91	275	91.67	优秀
3	02017005	倪仲仲	84	87	88	259	86.33	优秀
4	02017010	何莲莲	94	87	82	263	87.67	优秀
5	02017012	周林豪	81	83	87	251	83.67	优秀
6	02017018	何福新	94	89	91	274	91.33	优秀
7	02017019	胡学波	85	87	88	260	86.67	优秀
8	02017024	林晓峰	80	87	82	249	83.00	优秀
9	7							优秀 计数
10	02017001	吴文贵	75	85	80	240	80.00	及格
11	02017002	黄进金	68	75	64	207	69.00	及格
12	02017003	南练练	58	69	75	202	67.33	及格
13	02017006	戴秀杰	72	68	85	225	75.00	及格
14	02017007	李丕峰	85	71	76	232	77.33	及格
15	02017008	顾勤勤	88	80	75	243	81.00	及格
16	02017009	张锋	78	80	76	234	78.00	及格
17	02017011	章合杰	60	67	71	198	66.00	及格
18	02017013	林敏	71	84	67	222	74.00	及格
19	02017014	毛建荣	68	54	70	192	64.00	及格
20	02017015	章亮亮	75	85	80	240	80.00	及格
21	02017016	沈妮妮	68	75	64	207	69.00	及格
22	02017017	张鑫	58	69	75	202	67.33	及格
23	02017020	朱志旭	72	64	85	221	73.67	及格
24	02017021	林利军	85	71	70	226	75.33	及格
25	02017022	刘建克	87	80	75	242	80.67	及格
26	02017023	许跃群	78	64	76	218	72.67	及格
27	02017025	王建锋	60	68	71	199	66.33	及格
28	18							及格 计数
29	25							总计数

图 13-19 分类汇总结果

微课：任务实施

（6）将"学生成绩表"中除"平均分""最高分"和"最低分"三行外的内容复制到 Sheet5 中，重命名 Sheet5 为"成绩排名"，在 H1 单元格中输入"排名"，利用 RANK.EQ 函数在 H 列对应的单元格中按"总分"对每位同学的成绩进行排名统计。（若有相同排名，返回最佳排名。）

全选"学生成绩表"，对其进行复制，并粘贴到 Sheet5 中，右击工作表标签 Sheet5，将其进行重命名。

在 H1 单元格中输入"排名"，然后使用 RANK.EQ 函数对第一位学生"吴文贵"（H2）的排名进行计算，再进行填充。RANK.EQ 函数的参数设置如图 13-20 所示。

图 13-20 RANK.EQ 函数的参数设置

RANK.EQ 函数有 3 个参数，第 1 个参数 Number 表示需要进行排名的数字，我们对"吴文贵"的总分进行排名，填入 F2；第 2 个参数 Ref 表示需要排名的一组数，通常引用一个区域，这里填入 \$F\$2:\$F\$26，这个区域加了 4 个"\$"符号，表示对这个区域进行绝对引用，就是不管如何填充，都固定引用该区域 F2:F26，不会随着填充而变化；第 3 个参数 Order 表示排序的方式，是升序还是降序，填"0"或者不填表示降序，其他值表示升序。最后效果如图 13-21 所示。

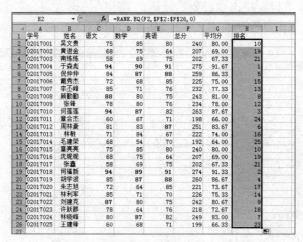

图 13-21 排名结果

课后练习

打开素材文件夹中的"出货单.xlsx"，完成下列题目。

1. 将 Sheet1 复制到 Sheet2 和 Sheet3 中，并将 Sheet1 更名为"出货单"；

2. 将 Sheet3 表的第 5 至第 7 行以及"规格"列删除；

3. 将 Sheet3 中单价低于 50（不含 50）的商品单价上涨 10%（小数取两

微课：课后练习

位）。将上涨后的单价放入“调整价”列，根据“调整价”重新计算相应“货物总价”（小数位取两位）；

4. 将 Sheet3 表中的数据按“货物量”降序排序；

5. 将 Sheet2 的 G 列后增加一列“货物量估计”，要求利用公式统计每项货物属于量多还是量少。条件是：如果货物量>=100，则显示“量多”，否则显示“量少”；

6. 在 Sheet3 工作表后添加工作表 Sheet4、Sheet5，将“出货单”的 A 到 G 列分别复制到 Sheet4 到 Sheet5；

7. 在 Sheet4 中对“调整价”列进行筛选，筛选出单价最高的 30 项；

8. 对 Sheet5 进行筛选操作，筛选出名称中含有“垫”（不包括引号）字的商品。

任务 14 创建学生成绩图表

任务描述

小王把完成的学生成绩统计表交给郑老师，郑老师非常满意，连夸小王。小王的学生成绩统计表中有各类统计和汇总数据，但面对如此多的数据难免有些枯燥。郑老师提出让小王把成绩分析结果和各个生源地的学生数统计结果用图表来表示，以便更加直观地反映具体情况，从而增加表格的可读性。

相关知识

14.1 创建与编辑图表

Excel 2010 可以利用工作表中的数据来创建图表，使用图表可以更加直观地查看和分析数据，进而预测趋势，一目了然。

微课：图表的创建

14.1.1 图表的创建

数据图表是依据工作表的数据建立起来的，当改变工作表中的数据时，图表也会随之改变。下面以图 14-1 所示的“学生成绩表”为例子，要求使用学生语文、数学成绩来创建一张簇状柱形图。

学生成绩表

学号	姓名	专业	班级	语文	数学	计算机	总分
020321021	李树龙	体育教育	1	80	80	80	240
020321025	张傅锋	体育教育	1	65	72	74	211
020321026	张洪志	体育教育	2	78	68	82	228
020313011	施伟	教育技术学	2	83	65	66	214
020313007	戴一	教育技术学	1	96	79	65	240
020313002	陈明明	教育技术学	1	54	96	59	209
020321027	李铭	教育技术学	2	68	58	66	192
020312005	王小燕	公共事业管理	1	99	72	79	250
020312009	赵红霞	公共事业管理	2	89	57	86	232
020312003	洪雅利	公共事业管理	1	96	83	85	264
020320028	王虹	公共事业管理	2	89	75	56	220

图 14-1 学生成绩表

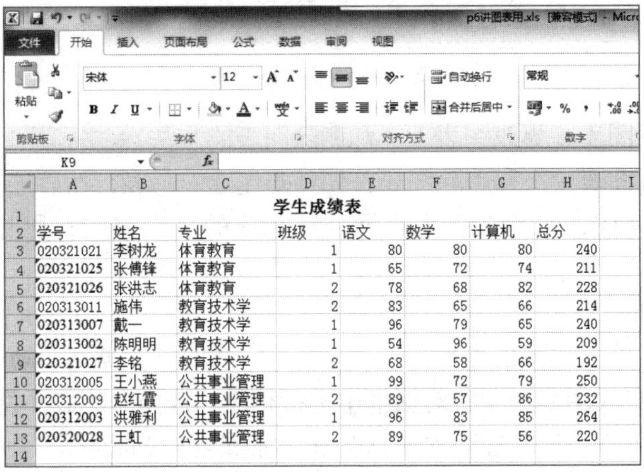

1. 选择数据区域"姓名""语文"和"数学"三列，作为数据源。
2. 单击"插入"选项卡上"图表"功能区中的按钮，选择一种图表类型，即可完成图表创建，结果如图 14-2 所示。图表类型有柱形图、折线图、饼图、条形图、面积图、散点图和其他图表。

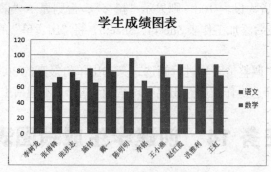

图 14-2　簇状柱形图

用户可以将图表创建在工作表的任何地方，可以生成嵌入图表，也可以生成只包含图表的图表工作表。图表与工作表中的数据项对应链接，如果当用户修改数据时，图表会自动更新。

14.1.2　图表的编辑和美化

图表创建好后，选中图表区，Excel 工具栏中会出现"图表"工具栏，此时可以利用"图表"工具栏，根据需要对图表进行适当的编辑。在编辑图表前，首先来熟悉下图表的各个组成元素，如图 14-3 所示。

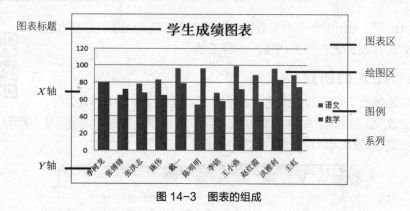

图 14-3　图表的组成

首先来介绍移动图表、更改图表大小和删除图表的方法

移动图表、更改图表大小和删除图表首先都要先选中图表，然后才能进行。移动图表只需拖动图表就可以完成；改变图表大小要拖动相应的控点完成；删除图表时只需要按下<Delete>键即可。

1．改变图表类型

首先选中图表，单击"图表工具"——"设计"选项卡"类型"功能区中的"更改图表类型"，在弹出的"更改图表类型"对话框中进行相应的选择。图表类型包括"柱形图""折线图""饼图""条形图""面积图""XY 散点图""股价图""曲面图""圆环图""气泡图"和"雷达图"，如图 14-4 所示。

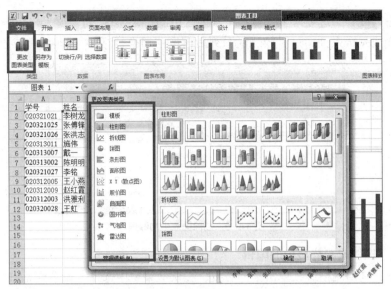

图 14-4 "更改图表类型"对话框

2．添加和修改图表标题

首先选中图表，将光标指向图表区，单击"布局"选项卡上"标签"功能区中的"图表标题"按钮 🖼️，在下拉菜单中可以选择不同的位置添加图表标题。在"标签"功能区里还可以添加及编辑坐标轴标题、图例标签、数据标签、数据表，如图 14-5 所示。

图 14-5 "图表标题"下拉菜单

如果要进一步设置图表标题的格式，则只需选中图表标题，右击，在弹出快捷菜单中选择"设置图表标题格式"，出现"图表标题格式"对话框，分别有"填充""边框颜色""边框样式""阴影""三维样式"和"对齐方式"5 个选项卡，运用图表格式化对话框，能对图表的背景、边框、字体、字号、字形、下划线、对齐方式等进行处理，使得图表更加突出重点，更加美观。

3．添加图表中的数据

在已经建好的图表中再增加数据，只需在工作表中将需要增加的数据选中进行复制，到图表区中进行粘贴即可完成。也可以选中图表后右击，选择快捷菜单中的"选择数据源"，打开相应对话框进行添加操作，如图 14-6 所示。

如果希望删除图表中的某个数据系列，而不删除工作表中对应的数据，只需要选中这个要删除的数据系列，按<Delete>键。但如果要删除的数据不是一个系列而是 X 轴的某个数据，这时就要单击"设计"选项卡上"数据"功能区中的"切换行/列"键  进行行列切换,这时行数据会变成一个系列,这时候删除系列后再按"切换行/列"键即可完成。

图 14-6 删除图表中的数据

4．网格、图例或趋势显示的编辑

编辑网格:选中网格线,单击鼠标右键,在快捷菜单中选择"设置网格线格式"命令,出现"网格线格式"对话框,分别有"线条颜色""线形"和"阴影"3 个选项卡。若原图形内无网格线,则单击"布局"选项卡上"坐标轴"组中的"网格线"按钮,设置相应的"主要横网格线"和"主要纵网格线"。若需删除网格线,则可选中图表中的网格线,按<Delete>键即可。

编辑图例:单击选中图表,将鼠标指针指向图例区,单击鼠标右键,在快捷菜单中选择"设置图例格式"命令,出现"图例格式"对话框。通过对"图例选项""填充""边框颜色""边框样式"和"阴影"选项卡的选择,可以分别对图例放的位置、底纹、边框和字体等项进行设置。若要删除图例,只要单击选中图例,按<Delete>键即可。

趋势显示:趋势显示是把各个代表数据的矩形条等图案发展的趋势用线条等图形表示出来。操作方法是:单击代表数据的图形,如矩形条等,单击鼠标右键,在快捷菜单中选择"添加趋势线"命令,出现"设置趋势线"对话框,如图 14-7 所示。在"设置趋势线"对话框内选择添加趋势线的类型,如"线性",即可生成相应趋势线。

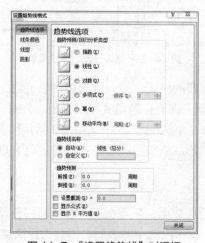

图 14-7 "设置趋势线"对话框

如果要对图表中的其他元素进行相应的格式美化,最简单的方法就是直接双击该元素,会弹出相对应的对话框,再进行详细设置就可以了。

14.1.3 创建数据透视表

数据透视表是一种交互式工作表，可以对大量数据快速汇总和建立交叉列表。用户可以选择其行或列以查看对源数据的不同汇总，还可以通过显示不同的行标签来筛选数据，或者显示所关注区域的明细数据，它是 Excel 强大数据处理能力的体现。

微课：数据透视表

1．创建数据透视表

选择工作表数据区域的任一单元格，单击"插入"选项卡"表格"功能区中的"数据透视表"  按钮下方的下拉箭头，在下拉菜单中选择"数据透视表"选项，弹出"创建数据透视表"对话框，如图 14-8 所示。在对话框中选择要分析的数据所在的区域和放置数据透视表的位置，单击"确定"按钮，这时在指定的位置会出现一个空的数据透视表，并显示数据透视表字段列表和"数据透视表工具"选项组（包括"选项"和"设计"两个选项卡），以便用户可以开始添加字段、创建布局和自定义数据透视表。

图 14-8 "创建数据透视表"对话框

2．编辑数据透视表

在创建好数据透视表后，我们经常要根据具体的分析要求，对数据透视表进行编辑修改，如转换行和列以查看不同的汇总结果，修改汇总计算方式等。如在"数据透视表字段列表"栏上部的字段部分窗格中，要向数据透视表中添加字段，就选中所需的字段名左边的复选框，或在所需添加的字段上单击鼠标右键，利用弹出的快捷菜单进行设置。

3．删除数据透视表

创建了数据透视表后，不允许删除数据透视表中的数据，只能删除整个数据透视表。选中数据透视表中的任意一个单元格，单击"选项"选项卡"操作"功能区中的"选择"按钮，在弹出的下拉菜单中选择"整个数据透视表"命令。单击"操作"功能区中的"清除"按钮，选择"全部清除"选项，这时整个数据透视表便被删除。

14.2 打印输出分析结果

用户不仅可以直接在计算机中查看工作表及图表，也可以打印出来查看。在打印前，应先进行页面设置。

1．页面设置

页面设置用于为当前工作表设置页边距、纸张方向、纸张大小、打印区域等。通过"页面布局"选项卡下"页面设置"组来实现，如图 14-9 所示。

微课：打印设置

第 4 章 Excel 2010 电子表格

单击这组右下角的箭头，可以打开"页面设置"对话框，该对话框有 4 张选项卡，下面将做详细介绍。

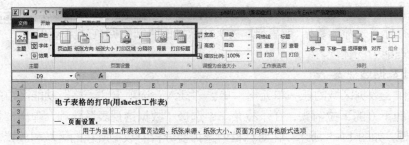

图 14-9 "页面设置"工具组

（1）页面

用户可以在该选项卡中选择自己的打印机支持的纸张尺寸，更改打印纸张方向，设置打印的起始页码等，如图 14-10 所示。

图 14-10 "页面设置"对话框"页面"选项卡

（2）页边距

在该选项卡里可以修改上、下、左、右的边距设置，还有居中方式的选择。

（3）页眉/页脚

该选项卡用于设置页眉和页脚，用户可以在下拉列表框中选择 Excel 提供的页眉/页脚方式，也可以单击"自定义页眉"或"自定义页脚"按钮自定义页眉或页脚。

（4）工作表

在该选项卡中，用户可以设置打印区域、打印标题、打印顺序等。"顶端标题行"和"左侧标题列"表示将工作表中某一特定行或列在数据打印输出时作为每一页的水平标题或垂直标题，设置方法只需要在对应的文本框中使用单元格引用即可。

2．打印区域设置

用户可以在打印前先设置打印区域，打印区域的设置可以使用"页面设置"对话框中的"工作表"选项卡。

一个工作表只能设置一个打印区域，如果用户要再次设置打印区域后，原先的打印区域会被替代。

3．打印预览

"打印预览"是用来显示工作表数据的打印效果的。在"页面设置"对话框中可以找到"打印预览"。

"打印预览"窗口中有打印份数、打印机属性、一系列打印设置选项等。完成相关设置后只需单击"打印"按钮即可开始打印，如图 14-11 所示。

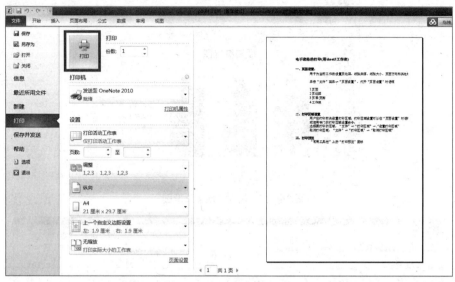

图 14-11 "打印预览"窗口

任务实施

为了把成绩分析结果和各个生源地的学生数统计结果用图表来表示，小王的具体操作步骤如下。

（1）将"学生成绩表"中第 1 行及"平均分""最高分"和"最低分"行复制到 Sheet6 中，删除 B、F、G 列。在 Sheet6 中利用语文、数学和英语的平均分，最高分和最低分创建簇状柱形图，以"语文""数学"和"英语"为 X 轴标签，以"平均分""最高分"和"最低分"为图例项，添加图表标题为"成绩概况图"。

微课：任务实施

在"学生成绩表"中选择第 1 行、"平均分"、"最高分"和"最低分"行，进行复制，粘贴到 Sheet6 中。选中 B、F、G 三列，右击选择删除。选中区域 A1:D4，单击"插入"选项卡下"图表"组中的"柱形图"，在下拉菜单中选择"簇状柱形图"，即可完成创建。选中图表，在"图表工具"中，单击"布局"选项卡下"标签"组中"图表标题"，在下拉菜单中选择"图表上方"，即添加了"图表标题"，修改标题为"成绩概况图"，如图 14-12 所示。

（2）在"学生成绩表"中把学生的生源情况补充完整，如图 14-13 所示。

（3）根据"学生成绩表"，在 Sheet7 表中创建一张数据透视表，要求如下。

- 显示每个生源地的学生人数；
- 行区域设置为"籍贯"；
- 数据区域设置为"学号"；
- 计数项为"学号"。

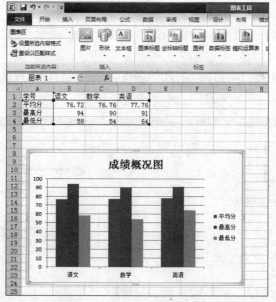

图 14-12 建立"成绩概况图"

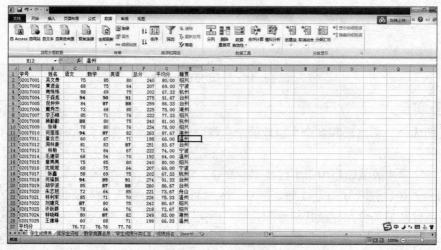

图 14-13 生源信息补充

选择"学生成绩表"中任一单元格,单击"插入"选项卡下"表格"组中的"数据透视表",在下拉菜单中选择"数据透视表",弹出"创建数据透视表"对话框,如图 14-14 所示,设置区域和放置数据透视表的位置即可创建。

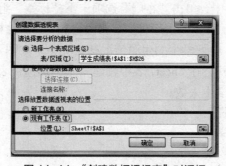

图 14-14 "创建数据透视表"对话框

接着在 Sheet7 的"数据透视表字段列表"中，把"籍贯"拖至"行标签"，"学号"拖至"数值"，并设置"数值"为"计数项"，就完成了数据透视表的创建，可以从透视表中直观地看出各生源地的学生人数，如图 14-15 所示。

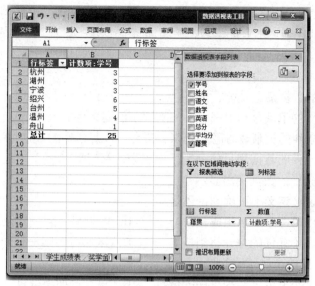

图 14-15 数据透视表

（4）将相关数据和图表打印出来。

● 对表格进行页面设置；

● 对打印区域进行设置；

● 打印。

课后练习

打开课后练习中的"销售量统计表.xlsx"，完成下列题目。

1. 求出 Sheet1 表中每项产品全年平均月销售量，并填入"平均"行相应单元格中（小数取 2 位）。

2. 将 Sheet1 复制到 Sheet2，求出 Sheet2 中每月总销售量，并填入（总销售量）列相应单元格中。

微课：课后练习

3. 将 Sheet2 表内容按总销售量降序排列（不包括平均数）。

4. 将 Sheet1 表套用表格格式为"表样式中等深浅 3"（不包括文字"2016 年全年销售量统计表"）。

5. 在 Sheet2 工作表总销售量右侧增加 1 列，在 Q3 填入"超过 85 的产品数"，并统计各月销量超过 85（含 85）的产品品种数，填入 Q 列相应单元格。

6. 在 Sheet2 工作表后添加工作表 Sheet3，将 Sheet2 的 A3:A15 及 P3:P15 的单元格内容复制到 Sheet3。

7. 对 Sheet3 工作表，对月份采用自定义序列"一月""二月"……次序排序。

8. 对 Sheet3 中数据，产生二维簇状柱形图。其中"一月""二月"等为水平（分类）轴标签。"总销售量"为图例项，并要求添加对数趋势线。图表位置置于 D1:K14 区域。

小结与习题

本章以任务引导形式，由浅入深，让学生在完成任务的同时掌握 Excel 工作表的创建和编辑、公式和函数的使用、复杂数据的分析统计、图表的创建、工作表的打印输出等知识。Excel 能够应用到各个行业，通过本章的学习，希望读者能够举一反三，活学活用，把所学的知识应用到实际工作和学习中。

单选题

答案：单选题

1. 使用 Excel 的数据筛选功能，是将_____。
   A. 满足条件的记录显示出来，而删除掉不满足条件的数据
   B. 不满足条件的记录暂时隐藏起来，只显示满足条件的数据
   C. 不满足条件的数据用另外一个工作表来保存起来
   D. 将满足条件的数据突出显示

2. 关于 Excel 区域定义不正确的论述是_____。
   A. 区域可由单一单元格组成
   B. 区域可由同一列连续多个单元格组成
   C. 区域可由不连续的单元格组成
   D. 区域可由同一行连续多个单元格组成

3. 有关表格排序的说法正确的是_____。
   A. 只有数字类型可以作为排序的依据
   B. 只有日期类型可以作为排序的依据
   C. 笔画和拼音不能作为排序的依据
   D. 排序规则有升序和降序

4. 关于分类汇总，叙述正确的是_____。
   A. 分类汇总前首先应按分类字段值对记录排序
   B. 分类汇总可以按多个字段分类
   C. 只能对数值型字段分类
   D. 汇总方式只能求和

5. Excel 文档包括_____。
   A. 工作表
   B. 工作簿
   C. 编辑区域
   D. 以上都是

6. 以下哪种方式可在 Excel 中输入文本类型的数字"0001"_____。
   A. "0001"
   B. '0001
   C. \0001
   D. \\0001

7. 返回参数组中非空值单元格数目的函数是_____。
   A. COUNT
   B. COUNTBLANK
   C. COUNTIF
   D. COUNTA

8. 一个工作表各列数据均含标题，要对所有列数据进行排序，用户应选取的排序区域是_____。
   A. 含标题的所有数据区
   B. 含标题任一列数据
   C. 不含标题的所有数据区
   D. 不含标题任一列数据

9. 以下哪种方式可在 Excel 中输入数值-6_____。
   A. "6
   B. （6）
   C. \6
   D. \\6

10. Excel 图表是动态的，当在图表中修改了数据系列的值时，与图表相关的工作表中的数据将_____。
    A. 出现错误值
    B. 不变
    C. 自动修改
    D. 用特殊颜色显示

第 5 章
PowerPoint 2010
演示文稿

Microsoft PowerPoint 2010，简称 PowerPoint 2010，是由 Microsoft 公司开发的 PPT 演示文稿程序，是办公软件 Office 2010 的重要组件。它将文字、图片、图表、动画、声音、影片等素材有序地组合在一起，把复杂的问题以简单、形象、直观的形式展示出来，从而提高汇报、宣传、教学等效果。其应用十分广泛，在工作汇报、企业宣传、产品推介、婚礼庆典、项目竞标、管理咨询、教育培训等领域占有着举足轻重的地位。本章安排两个任务，分别制作"企业简介""绿缘茶品"两个演示文稿，读者通过对内容制作、动画设置、切换应用等的学习，可以掌握 PowerPoint 2010 的基本应用。

本章学习目标：

● 熟练掌握演示文稿内容的制作，文本框、图片、表格、图表等的插入与编辑的方法。

● 熟练掌握演示文稿内容的设计，文档主题、配色方案、模板等的编辑操作。

● 熟练掌握演示文稿内容的设置，动画设置、切换设置、声音设置、超链接设置等。

● 熟练掌握演示文稿的管理、打印、放映的方法。

任务 15 制作某机械企业简介演示文稿

任务描述

刘涛是某机械制造企业人事部员工，人事经理让他为本次新进职员做入职培训。为了提高培训效果，他用 PowerPoint 2010 制作了图 15-1 所示的集文本、图像、图表等于一体的"企业简介"演示文稿，让人印象深刻、易懂易记。

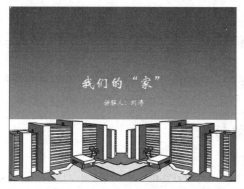

图 15-1 "企业简介"演示文稿效果图

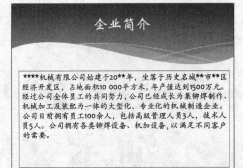

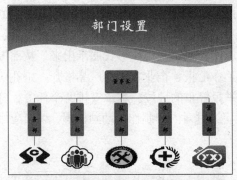
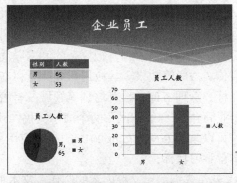

图 15-1 "企业简介"演示文稿效果图（续）

相关知识

15.1　认识 PowerPoint 2010

本小节主要介绍 PowerPoint 2010 的基本操作，如启动、退出、新建、工作界面介绍、视图方式等。

15.1.1　PowerPoint 2010 的启动与退出

1. 启动 PowerPoint 2010

在计算机中安装好 Office 2010 后，便可以启动 PowerPoint 2010 程序了，常用的方法有如下 3 种。

（1）单击任务栏左侧的"开始"按钮，在弹出的菜单中选择"所有程序"→"Microsoft Office"→"Microsoft PowerPoint 2010"，可启动 PowerPoint 2010。

（2）建立 PowerPoint 2010 的桌面快捷方式后，双击桌面上的 PowerPoint 2010 快捷方式图标，可启动 PowerPoint 2010。

（3）双击已创建的扩展名为.pptx 的 PowerPoint 文档，可启动 PowerPoint 2010，并打开相应的 PowerPoint 文档内容。

2．退出 PowerPoint 2010

退出 PowerPoint 2010 的方法主要有以下 3 种。

（1）在功能区中选择"文件"选项卡中的"退出"命令。

（2）单击 PowerPoint 2010 窗口标题栏最右侧的"关闭"按钮✕。

（3）单击 PowerPoint 2010 窗口左上角的"软件图标"按钮，在弹出的菜单中选择"关闭"命令，或双击这个图标按钮，即可退出 PowerPoint。

15.1.2　PowerPoint 2010 的工作界面

启动 PowerPoint 2010 后即进入其工作界面，主要由标题栏、快速访问工具栏、功能选项卡、功能区、编辑栏、状态栏等元素组成，如图 15-2 所示。

图 15-2　PowerPoint 2010 工作界面

1．标题栏

标题栏位于 PowerPoint 2010 操作界面的最顶端，其中显示了当前编辑的文档名称和程序名称。标题栏的最右侧有 3 个窗口控制按钮，分别用于对 PowerPoint 2010 的窗口执行最小化、最大化/还原和关闭操作。

2．快速访问工具栏

快速访问工具栏用于放置一些使用频率较高的工具。默认情况下，该工具栏包含了"保存"🖫、"撤销"↶ 和"恢复"↷ 按钮。用户还可自定义按钮，只需单击该工具栏右侧的▾按钮，在打开的下拉列表中选择相应选项即可。另外，通过该下拉列表，我们还可以设置快速访问工具栏的显示位置。

3．"文件"菜单

单击"文件"菜单，弹出的下拉列表中包含了保存、另存为、打开、关闭、信息、最近所用文件、新建、打印、保存并发送、帮助、选项和退出等菜单选项。

4．功能选项卡

PowerPoint 2010 的所有命令集成在几个功能选项卡中，之前的版本大多以菜单的模式显示，相当于菜单命令，选择某个功能选项卡可切换到相应的功能区。

5．功能区

功能区是菜单和工具栏的主要显示区域，之前的版本大多以子菜单的模式为用户提供按钮功能，现在以功能区的模式提供了几乎涵盖了所有的按钮、库和对话框。功能区首先会将控件对象分为多个选项卡，然后在选项卡中将控件细化为不同的组。

6．"幻灯片/大纲"窗格

"幻灯片/大纲"窗格位于工作界面的左侧，其中有"幻灯片"选项卡和"大纲"选项卡。在"幻灯片"选项卡中，可以显示演示文稿中所有的幻灯片的编号及缩略图，在"大纲"选项卡里，可以以多级大纲的形式显示 PowerPoint 演示文稿的各张幻灯片中的文字内容。

7．幻灯片编辑区

幻灯片文档编辑区是用户工作的主要区域，用来实现文档的显示和编辑。在这个区域中经常使用到的工具还包括水平标尺，垂直标尺，对齐方式，显示段落等。

8．备注窗格

备注窗格位于工作区的下方，显示当前在幻灯片视图中打开的幻灯片的备注说明文件文字，以供幻灯片制作者或演讲者查阅该幻灯片信息或在播放演示文稿时对需要的幻灯片添加说明和注释。

9．状态栏

在状态栏中显示了当前编辑的幻灯片页数和当前页号、演示文稿使用的幻灯片模板名称、拼写检查图标、视图按钮和调节显示比例等辅助功能的区域，实时地为用户显示当前工作信息。

15.1.3　PowerPoint 2010 的视图方式

PowerPoint 2010 提供了"普通视图""幻灯片浏览视图""阅读视图""备注页视图""幻灯片放映视图"5 种视图模式。用户可以通过右下角的视图切换组合按钮 回品即早 来切换视图模式，也可以通过图 15-3 所示"视图"功能选项标签下"演示文稿视图"选项组中的视图按钮来完成视图模式的切换。

图 15-3　"视图"功能选项卡

用鼠标单击相应的按钮，就会进入相应的视图模式。下面对这 5 种视图模式进行简要的介绍。

1．普通视图

普通视图是系统默认的视图模式，主要用于查看每张幻灯片并对其进行编辑。该视图中由 3 部分构成：幻灯片/大纲窗格、幻灯片编辑区以及备注窗格。可以拖动分隔条，改变幻灯片窗格大小，也可以关闭幻灯片/大纲窗格，使幻灯片编辑空格占据整个窗口的中间部分，如图 15-4 所示。

2．幻灯片浏览视图

幻灯片浏览视图以最小化的形式显示演示文稿中的所有幻灯片，可以同时显示多张幻灯片。也可以看到整个演示文稿，因此可以轻松地添加、删除、复制和移动幻灯片。还可以使用"幻灯片浏览"工具栏中的按钮来设置幻灯片的放映时间，选择幻灯片的动画切换方式，如图15-5所示。

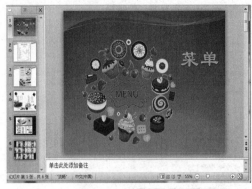

图 15-4　普通视

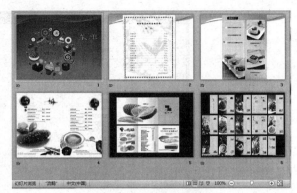

图 15-5　幻灯片浏览视图

3．阅读视图

阅读视图主要用于对演示文稿中每一张幻灯片的内容进行浏览。此时大纲栏、备注栏被隐藏，幻灯片栏被扩大，仅显示标题栏、阅读区和状态栏。

4．备注页视图

单击视图按钮栏上的"备注页视图"按钮可以进入"备注页视图"显示方式，以上下结构显示幻灯片区与备注栏，主要用于编辑幻灯片的备注信息。

5．幻灯片放映视图

幻灯片放映视图下，整张幻灯片的内容占满整个屏幕。用于查看设计好的演示文稿的放映效果，以方便用户对不满意之处进行修改。

15.1.4　设计个性化的工作界面

PowerPoint 2010为我们提供了个性化工作界面的设置，包括自定义快速访问工具栏、添加功能选项卡、最小化功能区，以及显示或隐藏标尺、网格线、参考线等。以前在制作PPT时，有很多工具会经常用到，需要在选项卡之间切换来切换去地找，现在可以根据个人的习惯来放置了，从而节约了时间，提高了工作效率。下面介绍一下如何设置个性化的工作界面。

1．自定义快速访问工具栏

鼠标单击快速访问工具栏最右端的倒三角，弹出菜单，选择"其他命令"，即可打开"自定义快速访问工具栏"对话框，即可对快速访问工具栏上的工具进行添加或删除。

或另一种方法，在功能区中，选中需要添加的工具，鼠标右击，在弹出的菜单中选择"添加到快速访问工具栏"命令，即可把该工具添加到快速访问工具栏。例如，将字体加粗命令 **B** 添加到快速访问工具栏上的方法是：右键单击"开始"选项卡"字体"功能区中的字体加粗图标 **B**，在弹出的快捷菜单中选择"添加到快速访问工具栏"即可。若要将 **B** 图标在快速访问工具栏中删除，只要在快速访问工具栏上右键单击 **B** 图标，在弹出的快捷菜单上选择"从快速访问工具栏删除"即可。

2．添加功能选项卡

单击"文件"菜单下的"选项"命令，打开"PowerPoint 选项"对话框，在选项对话框左侧选择"自定义功能区"，打开"自定义功能区"对话框，勾选"开发工具"前面的复选框即可添加该功能选项卡，如图 15-6 所示，单击"确定"按钮退出选项卡对话框，这时在 PowerPoint 功能选项卡中会出现一个名为"开发工具"的选项卡，如图 15-7 所示。

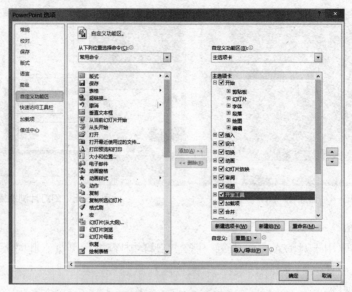

图 15-6　自定义功能区

图 15-7　"开发工具"功能选项卡

3．最小化功能区

显示或隐藏功能区的快捷方式是<Ctrl+F1>组合健，也可以单击功能选项卡右侧的 ⌃，将功能区隐藏，仅显示功能区上面的选项卡名称，此时 ⌃ 变成 ⌄，单击 ⌄ 就可将功能区显示。

4．显示或隐藏标尺、网格线、参考线

选择"视图"功能选项卡下"显示"工具栏中的"标尺""网格线""参考线"复选框，即可在幻灯片编辑区显示标尺、网格线、参考线。

15.2　演示文稿的基本操作

本任务主要介绍演示文稿的一些基本操作，如新建演示文稿、保存演示文稿，以及对演示文稿中的文字、图片、声音等信息进行添加。

15.2.1　新建演示文稿

1．创建空白的演示文稿

创建新的空白演示文稿主要有以下几种方法。

（1）自动创建：启动 PowerPoint 2010 应用程序会自动创建空白演示文稿，默认文稿名称为：演示文稿 1、演示文稿 2……

（2）快捷菜单创建：在桌面空白处单击鼠标右键，弹出快捷菜单，选择"新建"→"Microsoft Powerpoint 演示文稿"命令，即可新建一个空白的演示文稿。

（3）命令创建：在 PowerPoint 2010 中，执行"文件"→"新建"命令，选择"可用的模板和主题"中的"空白演示文稿"，再单击"创建"按钮。

（4）快捷方式创建：在 PowerPoint 2010 环境下，按下组合键<Ctrl+N>即可新建一个空白的演示文稿。

2．根据样本模板创建演示文稿

样本模板是指包含演示文稿样式的文件。其中包括项目符号、文本的字体、字号、占位符大小和位置、背景设计、配色方案以及幻灯片母版的可选的标题母版等影响幻灯片外观的元素。

在 PowerPoint 2010 中，执行"文件"→"新建"命令，单击"可用的模板和主题"栏中的"样本模板"按钮，选择一个需要的模板样式，再单击"创建"，即可新建一个基于模板的演示文稿。

3．利用主题创建演示文稿

在 PowerPoint 2010 中，执行"文件"→"新建"命令，单击"可用的模板和主题"中的"主题"按钮，选择一个需要的主题，再单击"创建"即可。

4．使用 Office.com 上的模板创建演示文稿

除了 PowerPoint 2010 自带的模板，PowerPoint 2010 还为用户提供了 Office.com 互联网上的模板。执行"文件"→"新建"命令，单击"Office.com 模板"，选择一个模板进行"创建"。此操作需计算机在连接上互联网的情况下进行，Office.com 模板是存储在 Office 官方网站上的，使用时需要下载。当用户选择了一个 Office.com 模板并单击"创建"，其会根据用户的选择进行模板的下载并创建。

15.2.2　保存演示文稿

PowerPoint 演示文稿制作完毕后，要将其保存，PowerPoint 2010 提供的多种保存模式完全可以满足我们的特殊需求。

图 15-8　"另存为"对话框

PowerPoint 2010 默认的保存方式是保存为 PowerPoint 演示文稿（扩展名为.pptx），此方式保存后打开可直接进入编辑模式。选择"文件"菜单→"保存"（首次保存），或"文件"菜单→"另存为"，弹出"另存为对话框"，如图 15-8 所示，文件名称默认是演示文稿 1，用户可在"文件名"文本框中输入自己的文件名再单击保存。如需保存为其他文件类型，可以在"保存类型"中下拉选择。

保存为"PowerPoint 放映"（扩展名为 ppsx），双击文件图标就可直接开始放映；保存为设计模板（扩展名为.potx），再制作同类幻灯片时，就可以随时轻松调用；保存为"PowerPoint 97-2003 演示文稿"（扩展名为.ppt），将保存为低版本的格式。

15.3　幻灯片的基本操作

在 PowerPoint 2010 中新建的空白或者主题演示文稿中都只包含了一张幻灯片，而一个演示文稿中一般会有多张幻灯片，这就涉及幻灯片的新建、复制、删除、移动等基本操作。

15.3.1　新建幻灯片

新建幻灯片是制作演示文稿的基本操作，具体有以下 3 种操作方式。

（1）在"开始"选项卡的"幻灯片"组中单击"新建幻灯片"下拉按钮，弹出如图 15-9 所示的界面，选择需要的一种幻灯片版式，即可新建一张幻灯片。

（2）通过快捷菜单新建幻灯片：在 PowerPoint 2010 中"幻灯片/大纲"窗格空白处鼠标右击，在弹出的菜单中选择"新建幻灯片"，如图 15-10 所示。

（3）通过可用快捷键新建幻灯片：在 PowerPoint 2010 环境下，按<Ctrl+M>组合键可快速新建一个"标题和内容"幻灯片。

图 15-9　选择幻灯片版式

图 15-10　通过快捷菜单新建幻灯片

15.3.2　选择、移动、复制和删除幻灯片

1. 选择幻灯片

对幻灯片进行操作时，离不开选择，选中要操作的幻灯片有以下 4 种情况。

（1）选择单张幻灯片：在"幻灯片/大纲"窗格中或幻灯片浏览视图中，鼠标单击某一幻灯片缩略图即可选中该幻灯片。

（2）选择多张连续的幻灯片：在"幻灯片/大纲"窗格中或幻灯片浏览视图中，按住<Shift>键，单击需选择的连续的首尾两张幻灯片，即可选中多张连续的幻灯片。

（3）选择多张不连续的幻灯片：在"幻灯片/大纲"窗格中或幻灯片浏览视图中，按住<Ctrl>键逐个单击需要被选择的幻灯片。

（4）选择全部幻灯片：在"幻灯片/大纲"窗格中或幻灯片浏览视图中，按住鼠标左键不放往上或往下拖经过所有幻灯片；或按组合键<Ctrl+A>来实现。

2．移动幻灯片

在制作演示文稿时有时我们会发现某些幻灯片的顺序不太符合逻辑，需要对其位置进行调整，这时可以使用以下方法来移动幻灯片。

（1）在需要移动的幻灯片缩略图上右击，选择"剪切"命令，再移动到期望的 PPT 位置之间，右键选择"保留源格式"粘贴。

（2）PPT 快速移动方法：选择需要移动的幻灯片缩略图，按住鼠标左键不放，将其拖动至合适位置后释放鼠标即可快速移动幻灯片。

（3）快捷键组合方式移动法：选择需要移动的幻灯片缩略图，按组合键<Ctrl+X>（剪切），再移动到期望的 PPT 位置之间，按组合键<Ctrl+V>（粘贴）。

3．复制幻灯片

若是演示文稿中的幻灯片风格一致，可以通过复制幻灯片的方式来创建新的幻灯片。然后在其中更改内容即可，具体操作如下。

- 选中要复制的幻灯片缩略图，右击，选择"复制幻灯片"。
- 按住<Ctrl>键拖动需要复制的幻灯片缩略图到目标位置。
- 也可以选中要复制的幻灯片缩略图，按组合键<Ctrl+C>（复制），再将光标定位到目标位置，按组合键<Ctrl+V>实现复制粘贴。

4．删除幻灯片

通过模板创建的演示文稿中有很多张幻灯片，但并不是所有幻灯片都会使用，这时可以将那些不需要的幻灯片删除，其具体操作方法如下。

- 在不需要的幻灯片缩略图上右击，选择"删除幻灯片"命令即可。
- 也可在选中幻灯片缩略图后直接按键盘上的<Delete>键实现删除。

注：在删除 PPT 之前应做好 PPT 的备份或者误删后按组合键<Ctrl+Z>返回上一步，避免丢失辛苦制作的 PPT 内容。

15.3.3　添加文本与设置格式

1．添加文本

占位符插入文本：直接在编辑区的占位符中输入文本。

文本框插入文本：在"插入"功能选项卡的"文本"工具组中单击"文本框"下拉按钮，选择"横排文本框"，当然根据需要，你也可以选择"垂直文本框"。然后，鼠标指针在幻灯片某一位置上单击一下，会出现一个输入框，即可以输入文字。

自选图形插入文本：在"插入"功能选项卡的"插图"工具组中单击"形状"下拉按钮，选择一形状。然后，鼠标指针在幻灯片某一位置上单击左键并拖拉画出所选形状，选中形状，鼠标右击，在菜单中选择"编辑文字"，会出现一个输入框，如图 15-11 所示，即可以输入文字。

文本以艺术字方式插入：在"插入"功能选项卡的"文本"工具组中单击"艺术字"，然后用鼠标指针在幻灯片某一位置上单击一下，会出现一个输入框，就可以输入文字。

对象插入 Word 文档：单击"插入"功能选项卡"文本"工具组中的"对象"，插入对象类型选择"Microsoft Word"。

在大纲窗格中输入文本：单击左侧"幻灯片/大纲"窗格，选择大纲窗格状态，光标定位，即可输入文字。

2．设置格式

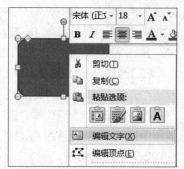

图 15-11　自定义形状输入文字

PowerPoint 2010 的字体格式设置方法是：选中需设置的文字，单击"开始"功能选项卡"字体"工具组中的对话框启动按钮，弹出"字体"对话框，在该对话框中即可对所选文字进行字体设置。

PowerPoint 2010 的段落格式设置方法是：选中需设置的文字，单击"开始"功能选项卡"段落"工具组中的对话框启动按钮，弹出"段落"对话框，如图 15-12 所示，在该对话框中即可对所选文字进行段落设置。

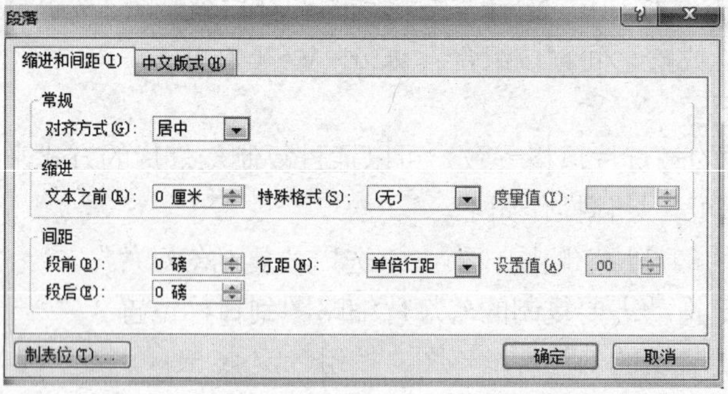

图 15-12　"段落"对话框

3．嵌入字体

在一台计算机上制成完整的幻灯片，放到另一台播放时，发现有很多的字体的样式都丢失了，这是因为另一台计算机上没有相应的字体，导致系统无法识别，最后以默认的宋体或黑体代替这种字体。如何让字体也随着 PPT 文件移动而移动呢？其实，是有办法的，那就是 PPT 嵌入字体。

首先，我们打开一个带有特殊字体的演示文稿，单击"文件"菜单中的"选项"，在打开的"选项"对话框中切换到"保存"标签中，选中"嵌入 TrueType 字体"选项，再确定保存文稿，字体就保存在文稿里不会丢失了。

15.3.4　插入艺术字、图片和剪贴画

1．插入艺术字

在幻灯片中加入艺术字会给人一种美感，更能吸引观众的眼球，同时也更能直观地表达作者的想法，让人更容易理解。如何加入艺术字，以及如何编辑，下面介绍一下。

微课：插入艺术字、图片、剪贴画

首先启动 PowerPoint 2010，选择"插入"功能选项卡，找到"文本"工具组，选择"艺术字"。在弹出的下拉列表中选择艺术字样式，选择一种样式，在幻灯片编辑区单击，出现文本框，输入文字。

艺术字字体的编辑：在功能区选择"开始"选项卡，在"字体"工具组里根据你的需要选择字体、字号、颜色等等；选中艺术字，"绘图工具"中的"格式"功能选项卡里会出现"形状样式"工具组与"艺术字样式"工具组，如图 15-13 所示，可对艺术字进行设置，还可以选中艺术字，鼠标右击，选择设置形状格式。

图 15-13　"形状样式"与"艺术字样式"工具组

2．插入图片

为了让自己的幻灯片更美观，可以在 PPT 中加入图片。插入图片的方法是：打开一个演示文稿，单击"插入"功能选项卡，选择"图像"工具组中的"图片"，弹出"插入图片"对话框，选择要插入的图片，再单击"插入"按钮。

单击选中插入的图片，在功能区"图片工具"中的"格式"功能选项卡中会出现工具，可对图片进行处理设置。或单击选中插入的图片，鼠标右击，在弹出的菜单中可以选择"大小和位置""设置图片格式"，对图片进行设置。

3．插入剪贴画

设计幻灯片中，时常少不了使用剪贴画，剪贴画的插入方法是：打开需插入剪贴画的 PowerPoint 2010 演示文稿，单击"插入"功能选项卡"图像"工具组中的"剪贴画"按钮 剪贴画，右边会出现"剪贴画"设置框，如图 15-14 所示。在剪贴画设置框中有搜索框及结果类型。例如在文字搜索框中输入人物，结果类型中选择"所有媒体文件类型"，搜索结果如图 15-15 所示，直接单击剪贴画即可插入。

图 15-14　"剪贴画"设置框

图 15-15　剪贴画搜索结果

插入的剪贴画（或图片）被选中时，会出现"图片工具"，可以通过图 15-16 所示的"格式"选项卡，对插入的对象做进一步的调整与设置。

图 15-16　"图片工具"中"格式"选项卡

15.3.5　绘制和美化图形

微课：绘制和美化图形

　　　　　　为了使制作的演示文稿更个性化、更美观，往往需要插入图形来实现。PowerPoint 2010 中，为演示文稿插入图形的方法是：单击"插入"功能选项卡"插图"工具组中的形状，从图 15-17 所示的下拉列表中选择喜欢的形状，再到幻灯片编辑区单击鼠标左键不放拖动鼠标画出你所选择的形状图形。如果要绘制正方形或正圆形，在鼠标拖动时要同时按住<Shift>键。

　　选中绘制的图形，会出现"绘图工具"，可通过"格式"功能选项卡中的"形状样式"工具组（见图 15-18）对插入的形状进行进一步的设置。

图 15-17　"形状"下拉列表

图 15-18　"形状样式"工具组

15.3.6　插入多媒体对象

1．插入音频

　　感觉演示文稿不够生动？那可以加点音乐让演示文稿内容更加丰富精彩一点。在演示文稿中插入音频文件的方法是：首先打开 PowerPoint 2010 演示文稿，单击"插入"功能选项卡"媒体"工具组中的"音频"的下拉按钮，选择"文件中的音频"，然后把自己准备好的音频文件选中后单击"插入"即可。这时会看到幻灯片编辑区出现一个小喇叭，代表插入音频成功了。单击该音频符号的小喇叭，会出来"音频工具"，然后单击"播放"功能选项卡，里面包含了"预览""书签""编辑"和"音频选项"，如图 15-19 所示，可对插入的音频文件进行各种设置，例如设置"音频选项"工具组里"开始"为"自动"就可以在播放演示文稿时自动播放音乐，当然你也可以选择"单击时播放"

图 15-19　"音频工具-播放"选项卡

2．插入视频

　　在演示文稿中插入视频和影片能够使得 PPT 展示更加生动有趣。在演示文稿中插入视频文件的方法是：首先打开 PowerPoint 2010 演示文稿，单击"插入"功能选项卡"媒体"工具组中"视频"的下拉按钮，选择"文件中的视频"，然后把自己准备好的视频文件选中后单击"插入"即可。这时会看到幻灯片编辑区出现一个黑色矩形，代表插入视频成功了。单击该黑色矩形，会出来"视频工具"，然后单击"播放"功能选项卡，里面包含了"预览""书签""编辑"和"视频选项"，如图 15-20 所示，可对插入的视频文件进行各种设置。

图 15-20　"视频工具-播放"选项卡

15.4　设置幻灯片超链接

15.4.1　超链接设置

超链接是指从一个幻灯片到另一个幻灯片、自定义放映、网页或文件的连接。超链接本身可以是文本或对象（例如文本框、图片、图形、形状或艺术字）。超链接的设置方法为：首先打开需要设置超链接的 PowerPoint 2010 演示文稿，选中要设置超链接的文字，选择"插入"功能选项卡"链接"工具组中的"超链接"，弹出"插入超链接"对话框，如图 15-21 所示，选择"在本文档中的位置"，在右边的列表框中选择所选文字需要链接到的

微课：插入超链接

幻灯片。添加超链接后会发现文字下面多了一条下划线，而且字体颜色也发生了变化。链接需要在放映的状态下才有效，在放映状态下，单击设置了超链接的文字即跳转到所设置链接到的幻灯片。

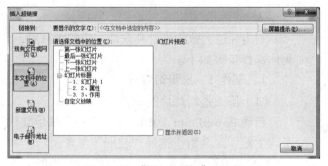

图 15-21　"插入超链接"对话框

"现有文件或网页"：可链接到另一演示文稿（选择一文稿），或网页（在地址栏要输入完整的网页地址）。

"新建文档"：链接到一个直接建立的新文档。

"电子邮件地址"：在"电子邮件地址"栏里输入正确的 E-Mail 地址，即可链接到电子邮件。

建立了超链接后如何取消呢？选中已添加超链接的文字，鼠标右击，在弹出的快捷菜单中选择"取消超链接"，即可取消超链接。

15.4.2　动作设置

动作设置是为某个对象（如文字、文本框、图片、形状或艺术字等）添加相关动作而使其变成一个按钮，通过单击按钮而跳转到其他幻灯片或其他文档。其设置方法：选择"插入"功能选项卡"链接"工具组中的"动作"，弹出"动作设置"对话框，如图 15-22 所示，在"单击鼠标"与"鼠标移过"选项卡中都一个"超链接到"选项，选择下拉列表中需链接的位置，单击"确定"。

15.4.3　修改超链接颜色

插入超链接后系统直接默认给的颜色你是否喜欢呢，如果想更换超链接颜色怎么办呢？单击"设计"功能选项卡"主题"工具组中的"颜色"按钮，打开"颜色"的下拉菜单，找到"新建主题颜色"，如图 15-23 所示。在弹出的设置对话框内，设置"连接前颜色"和"点击后的颜色"，根据喜好进行颜色设置。

图 15-22　"动作设置"对话框　　　　图 15-23　"新建主题颜色"对话框

任务实施

微课：第 1 张幻灯片制作

刘涛经过大致的设计和获取相应的素材后，开始创建演示文稿。具体操作步骤如下。

1. 制作 1~8 张幻灯片

（1）第 1 张幻灯片的制作。

启动 PowerPoint 2010，新建"空白演示文稿"，从"设计"选项卡"主题"工具组里选择"波形"主题。

在"单击此处添加标题"的占位符中输入"我们的家"，在"单击此处添加副标题"的占位符中输入"讲解人：刘涛"。

在"插入"选项卡的"图像"工具组中单击"图片"按钮，选择素材中的"企业全景.jpg"图片。并用鼠标选中插入的"企业全景"图片，按住鼠标左键不放，拖至下端齐平，如图 15-24 所示。

（2）第 2 张幻灯片的制作。

微课：第 2 张幻灯片制作

新建一张"标题和内容"幻灯片，在"单击此处添加标题"的占位符中输入"目录"。用鼠标选中"单击此处添加文本"占位符，按<Delete>键将其删除。

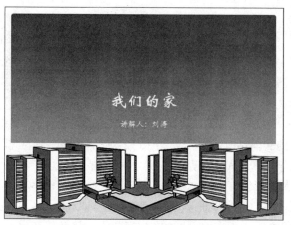

图 15-24　第 1 张幻灯片的最终效果图

单击"插入"选项卡"文本"工具组中的"文本框"按钮，选择"横排文本框"，输入文字"企业简介"，选中该文本外框，显示"绘图工具"，在"格式"选项卡中"形状填充"为"深蓝，文字 2，淡色 60%"，"形状轮廓"为无，"形状效果"为"阴影→外部→右下斜偏移"，"大小"工具组中设置高 1.62 厘米；在"开始"选项卡"字体"工具组中设置字体为"华文楷体"，字号为 32，加粗，白色；在"段落"工具组中设置文字的对齐方式为"分散对齐"，用鼠标拖住控制点来调整文本框大小。

复制该文本 4 次，把文字分别改为"董事长风采""部门设置""企业员工""企业荣誉"，参考图 15-1 的效果图放置好大致的位置，接着按住<Ctrl>键把这 5 个文本框逐个地同时选中，在出现的"绘图工具"的"格式"选项卡的"排列"工具组下的"对齐"下拉列表中选择"左对齐"和"纵向分布"，最终得到的效果如图 15-25 所示。

（3）第 3 张幻灯片的制作。

新建一张"标题和内容"幻灯片，在"单击此处添加标题"占位符中输入"企业简介"。在"单击此处添加文本"占位符中输入相应的文字，在"开始"选项卡"字体"工具组中设置字体为"华文楷体"，字号为 24，黑色。单击选中该文本外框，显示"绘图工具"，在"格式"选项卡的"形状轮廓"中更改颜色为"浅蓝，背景 2，深色 25%"，

微课：第 3 张幻灯片制作

粗细为 2.25 磅；用鼠标光标通过控制点分别向左和右拉宽文本框，使左右与上面的背景图界线齐平，如图 15-26 所示。

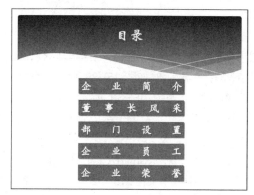

图 15-25　第 2 张幻灯片的效果图

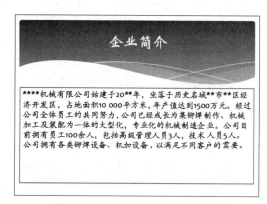

图 15-26　第 3 张幻灯片的效果图

微课：第4张幻灯片制作

（4）第4张幻灯片的制作。

新建一张"标题和内容"幻灯片，在"单击此处添加标题"占位符中输入"董事长风采"。用鼠标选中"单击此处添加文本"占位符，按<Delete>键将其删除。

单击"插入"选项卡"图像"功能区中的"剪贴画"命令，在"剪贴画"窗口中设置搜索文字为"人物"，在"结果类型"下拉框中勾选"插图"，在搜索得到的剪贴画中单击如图15-27所示的剪贴画，此时幻灯片上就已经插入了该人物剪贴画，适当调整该人物剪贴画的大小和位置。

在剪贴画后面插入一形状，单击"插入"选项卡"插图"工具组中的"形状"，在下拉列表中选择"对角圆角矩形"，选中该形状，在"绘图工具"的"格式"选项卡里"形状样式"工作组中设置"形状填充"为无，"形状轮廓"颜色为"浅蓝，背景2，深色25%"，粗细为2.25磅。单击该形状，鼠标右击，在快捷菜单中选择"编辑文字"，输入相应的文字，在"开始"选项卡"字体"工具组中设置字体为"华文楷体"，字号为22，黑色；在"段落"工具组中设置文字的对齐方式为"左对齐"。最后的参考效果如图15-28所示，调整该形状的大小与位置。

图15-27 搜索的剪贴画　　　　图15-28 第4张幻灯片的效果图

（5）第5张幻灯片的制作。

新建一张"标题和内容"幻灯片，在"单击此处添加标题"占位符中输入"部门设置"。用鼠标选中"单击此处添加文本"占位符，按<Delete>键将其删除。

微课：第5张幻灯片制作

在"插入"选项卡"插图"工具组中单击"SmartArt"按钮，在弹出的"选择SmartArt图形"对话框中选中"层次结构"标签，在中部的列表区中选择"组织结构图"，对话框如图15-29所示。默认时，有一个助手和三个下级，选中助手，如图15-30所示，在键盘上按<Delete>键删除掉。再在左侧用回车键（增加一层）、退格键（上移一层）、<Tab>键（下移一层）来得到完整的层级结构，并在左侧文本处输入第一级与第二级的文字，最终结果如图15-31所示。在右侧选中第三级文本框，在"SmartArt工具"的"格式"选项卡里"形状样式"工具组下选择"形状填充"下的"图片"，如图15-32所示，选择素材库中的图片，一一对应地插入到框中，最终效果如图15-33所示。

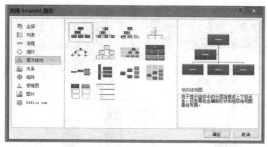

图 15-29 "选择 SmartArt 图形"对话框

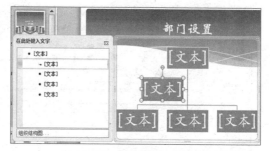

图 15-30 编辑"SmartArt 图形"

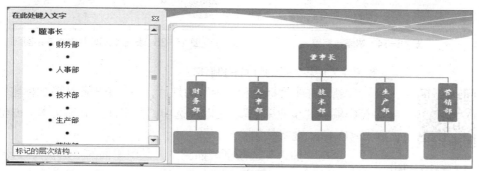

图 15-31 "SmartArt 图形"输入文字

图 15-32 "形状填充"图片填充

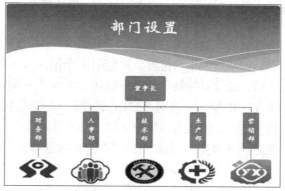

图 15-33 第 5 张幻灯片最终效果图

（6）第 6 张幻灯片的制作。

新建一张"标题和内容"幻灯片，在"单击此处添加标题"的占位符中输入"企业员工"。用鼠标选中"单击此处添加文本"占位符，按<Delete>键将其删除。

单击"插入"选项卡"表格"工具组的"表格"按钮，插入一个 2 列 3 行的表格，并输入文字，缩小了放到左上角位置。

微课：第 6 张幻灯片制作

单击"插入"选项卡"插图"工具组的"图表"按钮，弹出"插入图表"对话框，在左侧选择"饼图"，右侧选择饼图下的"饼图"，单击"确定"。随之弹出 Excel 窗口，在 Excel 窗口中填入表格内容，如图 15-34 所示，关闭 Excel 文件即可。鼠标单击幻灯片编辑区饼图图表标题，将光标定位在"员工人数"，接着在"图表工具"的"布局"选项卡"标签"工具组中单击"数据标签"下的"居中"。最后缩小饼图大小并移到左下角位置。

右侧柱形图的插入操作同饼图，得到的最终效果图如图 15-35 所示。

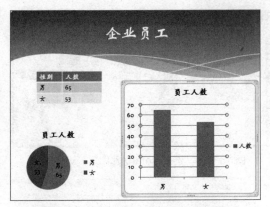

图 15-34　饼图数据表　　　　　图 15-35　第 6 张幻灯片最终效果图

（7）第 7 张幻灯片的制作。

微课：第 7 张幻灯片制作

新建一张"标题和内容"幻灯片，在"单击此处添加标题"占位符中输入"企业荣誉"。用鼠标选中"单击此处添加文本"占位符，按<Delete>键将其删除。

单击"插入"选项卡"插图"工具组里面的"形状"，选择"椭圆"，按住<Shift>键在幻灯片编辑区画一个正圆，单击选中该圆形，从"绘图工具"的"格式"选项卡里的"形状样式"工具组中单击"形状填充"，在下拉列表中选择图片，插入素材中相应的荣誉图片。

单击"插入"选项卡"插图"工具组里面的"形状"，选择"泪滴"，在幻灯片编辑区画一个泪滴，调整其大小与位置，再复制 5 个泪滴，一共 6 个。选择一个"泪滴"形状，会出现控制手柄，通过对控制手柄进行旋转，把 6 个泪滴形状与正圆摆放成花形，放在幻灯片右侧，如图 15-36 所示。再对各"泪滴"形状插入图片，其方法是：选中一个"泪滴"形状，鼠标右键单击，在弹出的菜单中选择"设置图片格式"，弹出"设置图片格式"对话框，在对话框左侧选择"填充"，右侧选择"图片或纹理填充"→"文件"，从素材里选择背景图片，并取消勾选下面的"与形状一起旋转"，单击"关闭"。

单击"插入"选项卡"插图"工具组里面的"形状"，选择"曲线箭头连接符"，用鼠标指针从下往上拉，在幻灯片编辑区画出曲线，在"绘图工具"的"格式"选项卡中"形状样式"工具组下对"形状轮廓"进行设置，粗细 3 磅，虚线箭头。

单击"插入"选项卡"图像"工具组下的"剪贴画"，剪贴画搜索设置如图 15-37 所示，搜索文字：脚；结果类型为"所有媒体文件类型"；勾选"包括 Office.com 内容"。在搜索结果中单击脚印，对脚印剪贴画进行缩小。在"图片工具"的"格式"选项卡"调整"工具组中的"颜色"下拉列表中选择"蓝色，强调文字颜色 1 浅色"，如图 15-38 所示，复制"脚印"剪贴画 4 个，并摆放成如图 15-39 最终效果图所示。

（8）第 8 张幻灯片的制作。

新建一张"空白版式"幻灯片，单击"插入"选项卡"文本"工具组中的"艺术字"，在下拉列表中选择"渐变填充-蓝色，强调文字颜色 1"，输入文字"谢谢聆听！"。在"绘图工具""格式"选项卡"艺术字样式"工具组中"文字效果"下的"转换"中选择"双波形 1"，最终得到的效果如图 15-40 所示。

微课：第 8 张幻灯片制作

图 15-36　形状的放置

图 15-37　搜索剪贴画

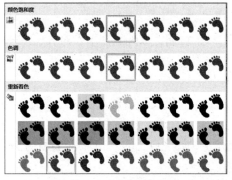

图 15-38　脚印的颜色设置

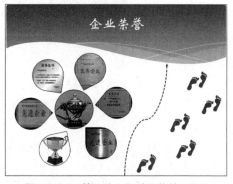

图 15-39　第 7 张幻灯片最终效果图

图 15-40　第 8 张幻灯片最终效果图

2．添加超链接

定位到第 2 张幻灯片，选中"企业简介"文本外框，再用鼠标右键单击，在弹出的快捷菜单中选择"超链接"命令，在接着弹出的"插入超链接"对话框中，选择链接到"本文档中的位置"的第 3 张幻灯片。采用同样的方法，将"董事长风采""部门设置""企业员工""企业荣誉"依次超链接到第 4、第 5、第 6、第 7 张幻灯片。

3．嵌入字体

为了保证演示文稿在其他计算机的播放效果，这里要进行嵌入字体的操作：执行"文件"→"选项"命令，在打开的"PowerPoint 选项"对话框中单击"保存"项，在"共享此演示文稿时保持保真度"下面勾选"将字体嵌入文件"复选框。

至此，企业简介演示文稿制作完毕，单击快速工具栏的"保存"按钮，将该演示文稿保存到 D 盘，保存的文件名为"企业简介.pptx"。

微课：课后练习 1

微课：课后练习 2

课后练习

现提供"个人求职简历.pptx"演示文稿素材，要求结合所学的知识，完成 1~8 题。

1. 将演示文稿幻灯片的宽度设置成 26 厘米，高度设置成 21 厘米。

2. 在第 1 张幻灯片前插入一张"标题幻灯片"版式的幻灯片，在标题占位符中输入"个人求职简历"文字，设置字体为华文行楷，字号为 50，设置文本效果为阴影：左上对角透视。在副标题占位符中输入"制作人：徐莉""×××系×××班"文字。

3. 为第 2 张幻灯片即"目录"幻灯片的文本设置超链接，链接到相对应的幻灯片页面。

4. 在第 3 张幻灯片的左侧插入素材图片"女孩"，右侧文本区的文字左对齐，字号为 20，行距为 1.2 行。

5. 为第 4 张幻灯片插入剪贴画 🐢。

6. 在第 7 张幻灯片中添加第三级，分别输入文字"班长""班长""学习委员""学习委员""班长"。

7. 在最后添加一张空白版式幻灯片，插入艺术字"放飞自己的梦想""有梦就努力去追"，艺术字样式和大小自定。

8. 设置日期和编号，使除标题幻灯片外，在所有幻灯片（第 2 至第 8 张）的日期区插入自动更新的日期（采用默认日期格式），在编号区插入相应的幻灯片编号。

任务 16　制作产品演示文稿

任务描述

绿缘茶品有限公司邀请新老客户召开一次茶话会，由营销部的陈峰负责向大家做简单的介绍。为了提高演讲效果，陈峰制作了一个如图 16-1 所示的简单、美观又大方的演示文稿，即介绍了公司产品，又宣传了一次茶文化。

图 16-1　"绿缘茶品"演示文稿最终效果图

相关知识

16.1　设置幻灯片的外观

本任务主要介绍幻灯片的外观设置，包括幻灯片背景、配色方案、动画方案、幻灯片版式、幻灯片模板等的设置方法。

微课：动画设置

16.1.1　设置幻灯片背景

一个漂亮或清新或淡雅的背景，能把演示文稿包装得有创意、美观。其设置方法是：在打开的演示文稿中，单击"设计"功能选项卡"背景样式"工具组中的"设置背景格式"，或者在幻灯片页面的任意空白处右击，选择"设置背景格式"，弹出"设置背景格式"窗口，如图 16-2 所示。左侧选择"填充"，右侧会显示"纯色填充""渐变填充""图片或纹理填充""图案填充" 4 种填充模式。插入漂亮的背景图片是选择"图片或纹理填充"。在"插入自"中单击"文件"按钮，弹出"插入图片"对话框，选择图片的存放路径，最后单击"插入"即可插入背景图片。如果只是本张幻灯片应用，"设置背景格式"中选"关闭"即可；如果想要全部幻灯片应用同张背景图片，就单击"全部应用"按钮。"设置背景格式"窗口有"图片更正""图片颜色"以及"艺术效果"三种修改美化背景图片的效果，能调整图片的亮度、对比度，或者更改颜色饱和度、色调、重新着色，或者实现线条图、影印、蜡笔平滑等效果。

16.1.2　设置幻灯片的配色方案

如果对当前的演示文稿配色方案不满意，可以选择 PowerPoint 内置的配色方案来进行调整，并可以修改其背景颜色。设置幻灯片的配色方案的方法是：单击"设计"功能选项卡"主题"工具组下的"颜色"按钮，在内置的配色方案中选择一种。也可以单击"新建主题颜色"按钮，弹出"新建主题颜色"对话框，如图 16-3 所示。

图 16-2　"设置背景格式"对话框

图 16-3　"新建主题颜色"对话框

16.1.3　设置幻灯片版式

在 PowerPoint 中，所谓版式可以理解为"已经按一定的格式预置好的幻灯片模板"，它主要是由幻灯片的占位符（一种用来提示如何在幻灯片中添加内容的符号，最大特点是其只在编辑状态下才显示，而在幻灯片放映的版式下是看不到的）和一些修饰元素构成。

PowerPoint 中已经内置了许多常用的幻灯片的版式，如标题幻灯片、标题图片幻灯片、标题内容幻灯片、两栏内容幻灯片等。单击"开始"功能选项卡"幻灯片"工具组中的"版式"下拉列表（见图 16-4）中任一种版式，就能将此版式应用于当前幻灯片页面。

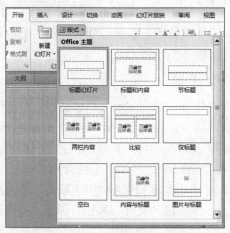

图 16-4　"版式"下拉列表

16.1.4　应用幻灯片主题

在 PowerPoint 2010 中可以通过使用主题功能来快速地美化和统一每一张幻灯片的风格。在"设计"功能选项卡"主题"工具组中单击"其他"按钮，打开主题库，在主题库当中可以非常轻松地选择某一个主题。将鼠标指针移动到某一个主题上，就可以实时预览到相应的效果。单击某一个主题，就可以将该主题快速应用到整个演示文稿当中。

如果对主题效果的某一部分元素不够满意，可以通过颜色、字体或者效果进行修改。如果对自己选择的主题效果满意的话，还可以将其保存下来，以供以后使用。在图 16-5 所示的"主题"工具组中单击"其他"按钮，执行"保存当前主题"命令。

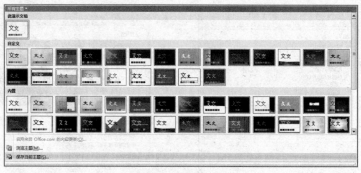

图 16-5　主题列表框

16.2　设置演示文稿的动画效果

16.2.1　添加幻灯片动画效果

我们可以将 Powerpoint 2010 演示文稿中的文本、图片、形状、表格、SmartArt 图形和其他对象制作成动画，赋予它们进入、退出、大小或颜色变化甚至移动等视觉效果。具体有以下 4 种动画效果（见图 16-6）。

微课：动画设置

（1）"进入"效果，在"动画"功能选项卡"动画"工具组里选择"进入"或"更多进入效果"。

（2）"强调"效果，在"动画"功能选项卡"动画"工具组里选择"强调"或"更多强调效果"，有"基本型""细微型""温和型"以及"华丽型"四种特色动画效果。

（3）"退出"效果，与"进入"效果类似但是相反，它是对象退出时所表现的动画形式，在"动画"功能选项卡"动画"工具组里选择"退出"或"更多退出效果"。

（4）"动作路径"效果，这个动画效果是根据形状或者直线、曲线的路径来展示对象游走的路径，使用这些效果可以使对象上下移动、左右移动或者沿着星形或圆形图案移动。

图 16-6 "动画"效果下拉菜单

1．添加动画

我们可以单独使用上述的任何一种动画效果，也可以将多种效果组合在一起。

为对象添加一种动画效果的方法是：选择对象后，单击"动画"组里面的任意一个动画。添加一个动画后还可以通过"效果选项"，对其效果进行设置，如图 16-7 所示。

为对象添加多种动画效果的方法是：选中对象后，首先单击"动画"功能选项卡"高级动画"工具组里面的"添加动画"，选择一种动画效果；添加第 2 个动画效果就再次单击"添加动画"，选择一种动画效果。例如，对一行文本应用"切入"进入效果及"陀螺旋"强调效果，操作方法为：选中该文本，单击"添加动画"，选择进入动画效果中的"切入"，在进入动画默认选项中找不到时，可单击"更多进入效果"，在里面找到"切入"，再次单击"添加动画"，在"强调效果"里选择"陀螺旋"。

图 16-7 效果选项

"动画刷"是能复制一个对象的动画，并应用到其他对象的动画工具，它复制的只是动画格式。使用方法为：单击设置有动画的对象，单击/双击"动画"功能选项卡"高级动画"工具组里面的"动画刷"按钮（单击"动画刷"，动画刷工具只能使用一次；双击"动画刷"就可以多次使用，直到再次单击"动画刷"退出），当鼠标光标变成刷子形状的时候，单击需要设置相同自定义动画的对象即可。

2．设置动画播放方式

一张幻灯片上多个对象添加了动画效果时，谁先谁后的播放顺序就需要进行协调。在"动画"功能选项卡"计时"工具组中可以为自定义动画设置开始时间、延时或者持续动画时间等，如图 16-8 所示。

图 16-8 "计时"工具组

"开始"：即对象的动画执行的开始时间。默认情况下为"单击时"，即鼠标单击时开始执行。单击"开始"下拉列表，列表有"与上一动画同时""上一动画之后"选项。选择"与上一动画同时"即与同一张幻灯片中的上一动画同时执行（包含幻灯片切换效果）；"上一动画之后"即上一动画结束立即执行。

"持续时间"：指的是本次动画效果所持续播放的时间，可以对动画执行的速度进行调整。

"延迟"：即动画效果延后执行的时间。设置动画效果甲与动画效果乙同时执行，并设置动画效果乙延时 01：00，这样就是两个动画效果同时开始执行，但动画乙要先停顿 1，所以动画乙是紧跟在动画甲之后。

"对动画重新排序"：对动画效果的执行顺序进行调整。选中一个动画效果，再单击"向前移动"或"向后移动"来调整它的执行顺序位置。还有一种方法就是单击"动画"功能选项卡"高级动画"工具组里的"动画窗格"，右侧会显示"动画窗格"对话框，可以单击鼠标左键不放对一动画效果直接拖动到目标执行位置，也可以选中一个动画效果，按键盘上的<Delete>键对其进行删除。

16.2.2 设置幻灯片切换效果

演示文稿放映过程中由一张幻灯片进入另一张幻灯片就是幻灯片之间的切换，为了使幻灯片放映更具有趣味性，在幻灯片切换时可使用不同的技巧和效果。PowerPoint 2010 为用户提供了细微型、华丽型、动态内容三大类切换效果，设置切换效果方法为：打开需要设置切换效果的演示文稿，选择"切换"功能选项卡，在"切换到此幻灯片"工具组中选择一个切换效果，如图 16-9 所示。如果想选更多的其他效果就单击"其他"，然后在"其他"效果列表中选择一个。设置了切换效果以后，还可以对其"效果选项"进行设置，在"计时"工具组里对声音、持续时间、是否全部应用、切换方式等进行设置。比如想让所有的幻灯片都是这个效果，选择"计时"工具组里的"全部应用"；如果想让不同的幻灯片的切换效果不一样，选择需要设置切换效果的幻灯片，重复第二、三步，也就是单独进行设置每张幻灯片。在设置完成后，要随时进行预览或是幻灯片浏览，并在各种视图下进行查看，观察其使用效果，防止在正式播放演示时出错。

微课：切换母版应用

图 16-9 "切换"功能区

16.3 幻灯片模板与母版

模板是指一个或多个文件，其中所包含的结构和工具构成了已完成文件的样式和页面布局等元素。母版中包含可出现在每一张幻灯片上的显示元素，如文本占位符、图片、动作按钮等。幻灯片母版上的对象将出现在每张幻灯片的相同位置上。使用母版可以方便地统一幻灯片的风格，只需更改一项内容就可更改所有幻灯片的设计。

16.3.1 编辑母版

PowerPoint 2010 包含 3 个母版：幻灯片母版、讲义母版和备注母版。当需要设置幻灯片风格时，可以在幻灯片母版视图中进行设置；当需要将演示文稿以讲义形式打印输出时，可以在讲义母版中进行设置；当需要在演示文稿中插入备注内容时，则可以在备注母版中进行设置。

1. 幻灯片母版

幻灯片母版是存储模板信息的设计模板的一个元素。幻灯片母版中的信息包括字形、占位符大小和位置、背景设计和配色方案。用户通过更改这些信息，就可以更改整个演示文稿中幻灯片的外观。

新建一个演示文稿，在"视图"选项卡"演示文稿视图"工具组中单击"幻灯片母版"按钮，打开"幻灯片母版"视图，如图 16-10 所示，默认情况下包含一个主母版和 11 个版式母版。

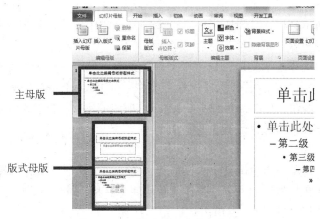

图 16-10 "幻灯片母版"视图

主母版上的操作影响所有版式母版。例如，在左侧列表中选中主母版，鼠标右击，弹出快捷菜单，在"设置背景格式"→"填充"里的"图片或纹理填充"中选择"文件"，插入一张图片，即在主母版上插入背景图片，这时可以发现除了主母版，各版式母版的背景也随之改变，如图 16-11 所示。

版式母版：在版式母版上的操作只对该版式的幻灯片起作用。例如，选择"标题版式"母版，在编辑区插入艺术字"中国风"，如图 16-12 所示，只有该版式母版的内容发生改变。

图 16-11　主母板编辑　　　　图 16-12　版式母版编辑

2．讲义母版

讲义母版是为制作讲义而准备的，通常需要打印输出，因此讲义母版的设置大多和打印页面有关。它允许设置一页讲义中包含几张幻灯片，并设置页眉、页脚、页码等基本信息。在讲义母版中插入新的对象或者更改版式时，新的页面效果不会反映在其他母版视图中。

3．备注母版

备注母版主要用来设置幻灯片的备注格式，一般也是用来打印输出的，所以备注母版的设置大多也和打印页面有关。切换到"视图"选项卡，在"演示文稿视图"组中单击"备注母版"按钮，可打开"备注母版"视图。

16.3.2　保存和应用模板

1．保存模板

一个优秀的演示文稿，其母版只能在一个演示文稿中应用，如何在另一个新建的演示文稿中也能拿来用呢？就需把此文稿保存成模板形式。

打开制作好的优秀演示文稿，执行"文件"菜单下的"另存为"命令，打开"另存为"对话框，输入文件名"首模板"，选择"保存类型"为 PowerPoint 模板（.potx），保存路径默认，单击"保存"按钮，如图 16-13 所示，即可把该演示文稿保存为模板。需要使用该文稿样式时，可以用该文稿模板来新建文件。

2．应用模板

用"首模板"新建一个演示文稿的操作为：单击"文件"菜单，选择"新建"，在"可用的模板和主题"中单击"我的模板"，弹出"新建演示文稿"对话框，如图 16-14 所示。在"个人模板"列表中选择"首模板"，单击"确定"按钮。

图 16-13　保存模板

图 16-14　用模板新建演示文稿

16.4　演示文稿的放映与发布

16.4.1　自定义放映

演示文稿做好后，有时不需要全部播放出来，就可以采用自定义放映，只播放我们勾选的幻灯片页面。自定义放映是缩短演示文稿放映时长或面向不同受众进行定制的好方法。自定义放映操作如下：单击"幻灯片放映"选项卡中"开始放映幻灯片"工具组的"自定义幻灯片放映"，弹出"自定义放映"对话框，单击"新建"，弹出"定义自定义放映"对话框，如图 16-15 所示，输入"幻灯片放映名称"，默认为"自定义放映 1"，把要播放的幻灯片从"在演示文稿中的幻灯片"添加到"在自定义放映中的幻灯片"中去，按"确定"。设置完成后，再次单击"幻灯片放映"选项卡"开始放映幻灯片"工具组中的"自定义幻灯片放映"，从下拉列表中可以看到"自定义放映 1"，如图 16-16 所示，单击"自定义放映 1"即可播放。

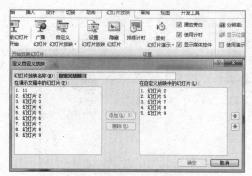

图 16-15 "定义自定义放映"对话框　　　　图 16-16 自定义放映

16.4.2 排练计时

通过排练可以为每张幻灯确定适当的放映时间，并把这时间记录下来，从而更好地实现自动放映幻灯片。使用排练计时功能记录幻灯片的放映时间操作如下：打开演示文稿，在"幻灯片放映"功能选项卡"设置"工具组里单击"排练计时"。这时会放映幻灯片，左上角出现一个录制的方框，方框里可以设置暂停、继续等。这时由操作者手动控制每一张幻灯片的放映时长，鼠标左键单击切换一张幻灯片，等结束放映，会出现提示，"幻灯片放映共需时长，是否保存新的换灯片排练时间"，单击"是"，会记录下每一张幻灯片所播放的时长。在"视图"选项卡，将幻灯片视图选为"幻灯片浏览"，即可查看每一张幻灯片播放需要的时间。

16.4.3 设置幻灯片放映

演示文稿制作完成后，有的由演讲者播放，有的让观众自行播放，这需要通过设置幻灯片放映方式进行控制，设置放映方式的操作为：打开需要放映的演示文稿，单击"幻灯片放映"功能选项卡"设置"工具组中的"设置幻灯片放映"按钮，弹出"设置放映方式"对话框，如图 16-17 所示，选择一种"放映类型"（如"观众自行浏览"），确定"放映幻灯片"范围（如第 3 至第 8 张），设置好"放映选项"（如"循环放映，按 Esc 键终止"），单击"确定"按钮。

16.4.4 打印演示文稿

打印演示文稿的具体操作方法如下：选择"文件"菜单下的"打印"，右侧展开"打印"页面，如图 16-18 所示，可以进行打印设置，比如：幻灯片打印的份数、选择打印机设备、打印范围、打印的格式，每页打印几张幻灯片、幻灯片打印的纸张方向、打印颜色等，设置完毕后就可以打印了。其中打印范围自定义时"2，5，8-10"的意思是，打印第 2，3，6，7，8，9，10 张幻灯片，其中"，"为打印不连续页面的分隔，"-"为打印连续页面的表示。

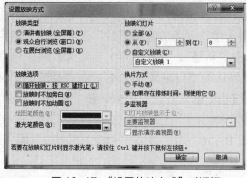

图 16-17 "设置放映方式"对话框　　　　图 16-18 打印参数设置

16.4.5 打包演示文稿

利用 PowerPoint 2010 的打包功能，可以在没有安装 PowerPoint 2010 软件和 Flash 软件的计算机上也能播放幻灯片。

1. 将演示文稿打包成 CD

运行 PowerPoint 2010，打开一演示文稿，单击"文件"菜单，选择"保存并发送"选项，单击"将演示文稿打包成 CD"，单击"打包成 CD"按钮，如图 16-19 所示。这个时候会弹出"打包成 CD"对话窗口，然后进行添加和删除幻灯片操作。再单击"复制到文件夹"按钮，在弹出的"复制到文件夹"窗口中设定文件夹的名称以及文件存放的路径。然后再单击"确定"按钮进行打包。待系统打包完成，会在刚才指定的路径生成一个文件夹，打开它，可以在文件窗口看到 AUTORUN.INF 自动运行文件，如果我们是打包到 CD 光盘上的话，它是具备自动播放功能的。

图 16-19　演示文稿打包成 CD

在 Office 2003 中，选择打包成 CD 后会自动将所有的视频、声音等文件复制到同一个目录下，并且会将播放程序 pptview.exe 这个播放器一并复制，只要将这个文件夹复制到别的计算机上，不管别的计算机上有没有安装 PowerPoint 都能正常播放。而现在的 2010 版，打包后里面没有播放器了，如果别人的计算机上没有安装 PowerPoint 2010，那么就无法播放幻灯片了。那是因为没有 PowerPoint Viewer。PowerPoint 2010 打包成 CD 后，有一个文件夹 PresentationPackage，下边有一个名为 PresentationPackage.html 的文件，打开后如图 16-20 所示。

图 16-20　打开 PresentationPackage.html

2. 创建视频演示文稿

PowerPoint 2010 提供了直接将演示文稿转换为视频文件的功能，其中可以包含所有未隐藏的幻灯片、动画甚至媒体等。

创建视频演示文稿的方法是：单击"文件"菜单，选择"保存并发送"下面的"创建视频"，右边展开创建视频设置框，如图 16-21 所示。对各项参数进行设置后，单击"创建视频"命令，选择保存地址，输入保存的文件名，按"保存"即可，这里创建的视频格式为".wmv"。

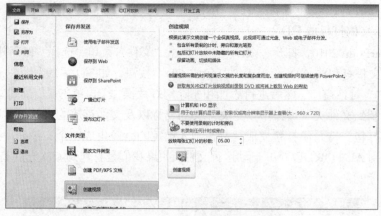

图 16-21　创建视频演示文稿设置框

任务实施

为了设计制作美观大方、令人印象深刻的演示文稿，陈锋做了大量的准备工作，收集了大量的图片素材，并对文字素材也进行了提炼，以下是陈锋设计制作演示文稿的具体步骤。

1. 母版设计

（1）主母版设计。

微课：主母版设计

打开 PowerPoint 2010 软件，自动新建一个演示文稿，单击"视图"选项卡"母版视图"功能区中的"幻灯片母版"按钮，打开幻灯片母版视图。选中如图 16-22 所示的主母版，用鼠标右击主母版的空白处，在弹出的快捷菜单中选择"设置背景格式"命令，在弹出的"设置背景格式"对话框的"填充"项中选择"图案或纹理填充"，从素材中选择背景图片，效果如图 16-23 所示。

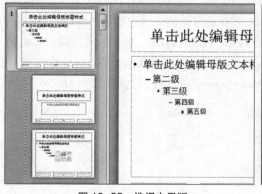

图 16-22　选择主母版

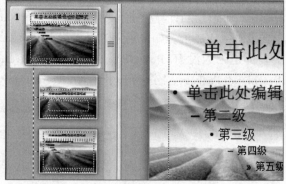

图 16-23　主母版背景填充效果图

从"插入"选项卡的"图像"工具组中选取"图片"，从素材中选择"茶壶"图片，缩小到适当大小放置在右下角。

用鼠标指针框选主母版中的所有占位符，按<Delete>键将其删除。在"插入"选项卡的"文本"工具组的"文本框"中选取横排文本框，输入"http://www.lvyuan.com"网址，设置字体为方正姚体，字号为 24，黄色。选择该文本框（注意是文本框而不是文字），用鼠标右键单击，在弹出的快捷菜单中选择"超链接"命令，弹出"插入超链接"对话框，在该对话框的"现有文件或网页"项，设置所要链接的地址为：http://www.lvyuan.com，然后单击"确定"按钮，即可实现链接到该网页的效果。在主母版中适当调整该文本框的位置，得到的主母版的效果如图 16-24 所示。

图 16-24　主母板最终效果图

（2）"标题和内容幻灯片版式"母版设计。

选择如图 16-25 所示的"标题和内容幻灯片版式"母版，用鼠标指针框选该母版中的所有占位符，按<Delete>键将其删除。单击"插入"选项卡"插图"功能区"形状"中的流程图，手动输入　，在"标题和内容幻灯片版式"母版中绘制一个直角梯形形状，选中此梯形形状，然后选择"绘图工具"→"格式"选项卡→"排列"→"旋转"→"向右旋转 90 度"；在"大小"工具组里修改高 14 厘米，宽 8 厘米；"形状样式"工具组中选择"形状填充"→"其他填充颜色"→"自定义"选项卡→深绿色（RGB：41，127，54），如图 16-26 所示。形状轮廓：无。再用鼠标将其移到左上角位置放置好。

微课：标题和内容
幻灯片设计 1

图 16-25　标题与内容版式母版

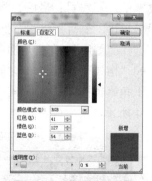

图 16-26　颜色参数设置

单击"插入"选项卡"插图"功能区"形状"中的"剪头总汇"下的"燕尾形"　，"形状填充""形状轮廓"颜色都为白色，设置好一个后再复制一个，两个放置到直角梯形形状之上。

单击"插入"选项卡"插图"功能区"形状"中的矩形　，在直角梯形形状下画一个矩形，通过"绘图工具"→"格式"选项卡→"形状样式"工具组→"形状轮廓"深绿色（RGB：41，127，54），再选中此矩形，鼠

微课：标题和内容
幻灯片设计 2

标右击，选择"设置形状格式"，弹出"设置形状格式"对话框。在该对话框的"填充"项中选择"纯色填充"，设置填充颜色为白色，透明度为40%。到此效果如图16-27所示。

勾选"幻灯片母版"选项卡"母版版式"功能区中的"标题"复选框，在直角梯形上出现一个标题文字占位符，如图16-28所示。删除该占位符中多余文字，保留四个字的位置，再选中"单击此处编辑母版标题样式"文字，在"开始"选项卡中设置字体为黑体，字号为44，字体颜色为白色，加粗。

图16-27　插入形状后效果图　　　　图16-28　添加标题文字占位符

单击"幻灯片母版"选项卡"母版版式"功能区中的"插入占位符"按钮，在下拉菜单中选择"文本"，拖拉出一个占位符，放置在标题占位符之下偏右一点。删除该占位符中"第二级"到"第五级"的文字，再选中"单击此处编辑母版文本样式"文字，在"开始"选项卡中设置字体为方正姚体，字号为20，字体颜色为白色；在"段落"功能区中单击"项目符号"按钮，去除该文字的项目符号，如图16-29所示。

单击"幻灯片母版"选项卡"母版版式"功能区中的"插入占位符"按钮，在下拉菜单中选择"文本"，在直角梯形下的矩形上拖拉出一个占位符；删除该占位符中"第二级"到"第五级"的文字，再选中"单击此处编辑母版文本样式"文字，在"开始"选项卡中设置字体为方正姚体，字号为20，字体颜色为黑色；在"段落"功能区中单击"项目符号"按钮，去除该文字的项目符号；最后，将该占位符的宽度、高度设置在矩形之内最大。

最后单击"幻灯片母版"选项卡"母版版式"功能区中的"插入占位符"按钮，在下拉菜单中选择"图片"，在直角梯形右侧画一个矩形图片占位符，选中图片占位符，选择"绘图工具"的"格式"选项卡→"插入形状"工具组→"编辑形状"→"编辑顶点"，把矩形占位符的左下角编辑控制点如图16-30所示往右边推即可。"标题和内容"版式母版最终效果图如图16-31所示。

图16-29　字符占位符位置放置图　　　　图16-30　图片占位符编辑控制点

（3）"节标题版式"母版设计。

选择图16-32所示的"节标题版式"母版，用鼠标指针框选该母版中的所有占位符，按

<Delete>键将其删除。

图 16-31 "标题和内容"版式母版最终效果图

图 16-32 选择"节标题版式"母版

单击"插入"选项卡"插图"功能区"形状"中的"矩形",在"节标题版式"母版中绘制一个矩形,设置其"形状填充"与"形状轮廓"均为"白色,背景 1,深色 35%",如图 16-33 所示。选中矩形,右键单击,在菜单中选择"编辑顶点",会出现 4 个黑色控制点,如图 16-34 所示。将下面左右两个控制点都往里拉,如图 16-34 所示,下边框线中间位置控制点往上拉,如图 16-35 所示。鼠标左键矩形外任意处单击即可退出编辑模式。单击"绘图工具"→"格式"选项卡→"形状效果"→"阴影"→"外部"→"居中偏移"。

微课:节标题版式
母版设计 1

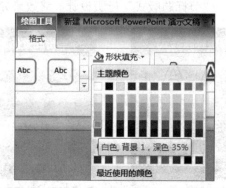

图 16-33 矩形填充颜色

图 16-34　调整左右下角的控制点

图 16-35　调整下边线中央控制点

　　单击"插入"选项卡"插图"功能区"形状"中的"矩形"，置于刚画的矩形之上，设置其"形状填充"与"形状轮廓"均为深绿色（RGB：41，127，54）；"形状效果"→"阴影"→"外部"→"居中偏移"。

　　单击"幻灯片母版"选项卡"母版版式"功能区中的"插入占位符"按钮，勾选"标题"复选框，在绿色矩形上出现一个标题文本占位符。选中"单击此处编辑母版标题样式"文本框，在"开始"选项卡中设置字体为黑体，字号为44，字体颜色为白色，加粗。

　　单击"幻灯片母版"选项卡"母版版式"功能区中的"插入占位符"按钮，在下拉菜单中选择"图片"，按住<Shift>键，在绿色矩形下空白处画一个正方形图片占位符，选中正方形图片占位符，在"绘图工具"的"格式"选项卡→"插入形状"工具组→"编辑形状"→"更改形状"中选择"椭圆"，将自动转换成正圆形，设置"形状轮廓"为白色，粗细为3磅。再复制2个正圆形图片占位符，共3个，摆放到如图 16-36 所示位置。

　　单击"插入"选项卡"插图"功能区"形状"中的"基本形状"类中的"双大括号"{}，

微课：节标题母版设计
及首页幻灯片设计

在圆形图片占位符组合下画一个双大括号，在"绘图工具"→"格式"选项卡→"形状样式"工具组→"形状轮廓"中选择白色，粗细3磅，再选中此矩形，鼠标右击，选择"设置形状格式"，弹出"设置形状格式"对话框。在该对话框的"填充"项中选择"纯色填充"，设置填充颜色为白色，透明度为40%。

　　单击"幻灯片母版"选项卡"母版版式"功能区中的"插入占位符"按钮，在下拉菜单中选择"文本"，在双括号形状上面拖拉出一个占位符。删除该占位符中"第二级"到"第五级"的文字，再选中"单击此处编辑母版文本样式"文字，在"开始"选项卡中设置字体为方正姚体，字号为20，字体颜色为黑色。在"段落"功能区中单击"项目符号"按钮，去除该文字的项目符号。最后，将该占位符的宽度、高度设置在双括号形状之内最大。"节标题版式"母版设计最终效果如图 16-37 所示。

图 16-36　位置摆放示意图

图 16-37　"节标题版式"母版最终效果图

单击"幻灯片母版"选项卡下的"关闭母版视图"按钮，回到演示文稿的普通视图状态。

2.幻灯片设计

以下操作都是在普通视图下进行。

（1）首页幻灯片设计。

在"幻灯片/大纲"窗格中删除掉现有的所有幻灯片，然后单击"开始"选项卡"幻灯片"功能区中的"新建幻灯片"按钮，在弹出的下拉菜单中选择"标题"版式幻灯片，在"单击此处添加标题"中输入文字"绿缘健康茶品"，选中文本外框，在"开始"选项卡的"字体"工具组里设置字体为黑体，加粗，字号为44，文字颜色为深绿（RGB：41，127，54），设置完后把文字向上移，移至背景图上的山顶位置。

在"单击此处添加副标题"中输入文字"绿色茶叶 | 健康茶饮 | 养生之道 | 茶艺文化"，选中此文本外框，在"开始"选项卡的"字体"工具组里设置字体为方正姚体，字号为24，文字颜色为深绿（RGB：41，127，54），设置完后把文字向上移，移至背景图上的山脚位置，如图16-38所示。

图 16-38 首页幻灯片最终效果

（2）目录页幻灯片设计。

单击"开始"选项卡"幻灯片"功能区中的"新建幻灯片"按钮，在弹出的下拉菜单中选择"空白"版式幻灯片。

单击"插入"选项卡"插图"功能区"形状"中的"矩形"，在幻灯片编辑区画一个矩形，拉大矩形，刚好占满整个屏幕，再单击鼠标右键，在弹出菜单中选择"设置形状格式"，弹出对话框，设置参数如图16-39所示。"填充"→"渐变填充"→线性，45°，开始位置白色，透明度为0；中间50%位置，白色，透明度为40%。设置好后单击"关闭"。

微课：目录页幻灯片设计

图 16-39 设置形状格式参数

单击"插入"选项卡"插图"功能区"形状"中的流程图：手动输入⬜，在"标题和内容幻灯片版式"母版中绘制一个直角梯形形状，选中此梯形形状，然后通过"绘图工具"→"格式"选项卡→"排列"→"旋转"→"向左旋转90度"再"水平翻转"；鼠标右键单击"编辑顶点"，拖动右下角顶点来实现梯形斜度。大小与位置如图16-40所示进行调整。在"形状样式"工具组"形状填充"中设置"其他填充"为深绿色（RGB：41，127，54），形状轮廓：深绿色（RGB：41，127，54），3磅。

单击"插入"选项卡中"文本框"下的"横排文本框"，在编辑区内插入横排文本框，输入文字"目录页"，在"开始"选项卡"字体"工具组中设置文字字体为黑体，字号44，白色。再插入一个横排文本框，输入文字"PAGE OF CONTENT"，设置文字字体为方正姚体，字号28，白色，文本框的位置如图16-41最终效果图所示。

单击"插入"选项卡"插图"功能区"形状"中的椭圆，按住<Shift>键，在编辑区画出一个正圆，设置"形状填充"白色，"形状轮廓"深绿色（RGB：41，127，54），粗细2.25磅。选中正圆，鼠标右击选"编辑文字"，输入"01"，设置"01"文字字体为黑体，字号30号，颜色黑色。复制圆3次，把数字"01"分别改成"02""03""04"，放置于梯形斜线上，如图16-41最终效果图所示。

单击"插入"选项卡中"文本框"下的"横排文本框"，在编辑区内插入横排文本框，输入文字"品牌简介"，在"开始"选项卡"字体"工具组中设置文字字体为黑体，字号28，黑色、加粗。此文本框同样也再复制3份，分别把文本文字改为"品牌历程""产品展示""联系我们"，放置位置如图16-41最终效果图所示。

图 16-40　直角梯形大小及放置位置

图 16-41　"目录页"幻灯片最终效果图

（3）基于"标题和内容"版式的幻灯片设计。

微课：基于母版的
幻灯片设计

单击"开始"选项卡"幻灯片"功能区中的"新建幻灯片"按钮，在弹出的下拉菜单中选择"标题和内容幻灯片"版式，此时创建的第3张幻灯片如图16-42所示。

在文字占位符中输入相应的文字，在图片占位符中从素材中插入品牌简介.jpg图片，得到第3张幻灯片的效果，如图16-43所示。（文字素材见素材包。）

参照上述的两个步骤，制作第4、第5和第6张幻灯片，效果如图16-44～图16-46所示。

图 16-42　创建"标题和内容"版式幻灯片

图 16-43　第 3 张幻灯片的最终效果

图 16-44　第 4 张幻灯片的最终效果

图 16-45　第 5 张幻灯片的最终效果

图 16-46　第 6 张幻灯片的最终效果

（4）基于"节标题"版式的幻灯片设计。

在"幻灯片/大纲"窗格中选择第 5 张幻灯片（即"产品展示"幻灯片），单击"开始"选项卡"幻灯片"功能区中的"新建幻灯片"按钮，在弹出的下拉菜单中选择"节标题"版式，此时在第 5 张幻灯片（即"产品展示"幻灯片）后面插入了图 16-47 所示的幻灯片。

图 16-47　创建"节标题"版式幻灯片

　　在文字占位符中输入相应的文字，在图片占位符中插入相应的图片，得到第 6 张幻灯片的效果如图 16-48 所示。（文字素材见素材包。）

　　在第 6 张幻灯片后面再插入 3 张"节标题"版式的幻灯片，分别在占位符中输入相应的文字和图片，得到第 7 张、第 8 张和第 9 张的效果，如图 16-49～图 16-51 所示。

图 16-48　第 6 张幻灯片的最终效果

图 16-49　第 7 张幻灯片的最终效果

图 16-50　第 8 张幻灯片的最终效果

图 16-51　第 9 张幻灯片的最终效果

3．添加超链接

定位到第 2 张幻灯片，选择"品牌简介"文本框（注意：是选中文本框，而不是文本）用鼠标右键单击，在弹出的快捷菜单中选择"超链接"命令，弹出"插入超链接"对话框。在该对话框中，选择"本文档中的位置"选项，选择幻灯片标题为"3.品牌简介"，如图 16-52 所示，然后单击"确定"按钮，即可将该文本框超链接到第 3 张幻灯片。

微课：超链接标题与
内容母版动画设计

图 16-52 "插入超链接"对话框

采用同样的方法，分别将第 2 张幻灯片中的"品牌历程""产品展示"和"联系我们"文本框超链接到第 4 张、第 5 张和第 10 张幻灯片。

至此，演示文稿内容设置全部完成，通过幻灯片浏览视图查看到的效果如图 16-53 所示。

图 16-53 幻灯片浏览视图的显示效果

4．添加动画效果

单击"视图"选项卡"母版视图"功能区的"幻灯片母版"按钮，打开幻灯片母版视图。

（1）"标题和内容版式"母版动画设计。

第一步单击选中如图 16-54 所示的"标题和内容版式"母版，再单击该母版左侧第 1 个"燕尾形"，在"动画"选项卡下选择"进入"动画中的"擦除"动画项，并单击"动画"功能区上的"效果选项"按钮，在下拉菜单中选择"自左侧"。

第二步选中第 2 个"燕尾形"，添加动画"擦除"，"效果选项"为"自左侧"。

第三步选中标题文本框，添加动画"擦除"，"效果选项"为"自左侧"。

第四步选中标题下面的这个文本框，添加动画"擦除"，"效果选项"为"自左侧"。

第五步选中框形框上面的这个文本框，添加动画"擦除"，"效果选项"为"自顶部"。

单击"动画"选项卡"高级动画"功能区中的"动画窗格"按钮，打开如图 16-55 所示的动画窗格。在动画窗格中，按住<Shift>键的同时，用鼠标单击第一项动画和最后一项动画，此时动画窗格中的所有动画都处于选中状态，在"动画"选项卡"计时"功能区，设置"开始"项为"上一动画之后"，持续时间为00.30，延迟为00.00。这样即可设置各动画的播放速度以及自动播放效果。

图 16-54　设置"标题和内容版式"母版动画

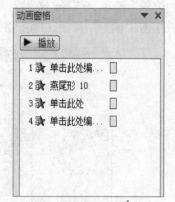

图 16-55　动画窗格

（2）"节标题版式"母版动画设计。

微课：节标题母版动画设计

第一步单击选中"双标题版式"母版，再单击该母版上的标题文本框，在"动画"选项卡下选择"进入"动画中的"随机线条"动画项，并单击"动画"功能区上的"效果选项"按钮，在下拉菜单中选择"水平"。

第二步选择最左侧第 1 个圆形图片占位符，添加"进入"动画里面的"轮子"，单击"效果选项"按钮，选"一轮幅图案"。为第 2 个圆、第 3 个圆逐个地添加同样的"轮子"动画效果，"效果选项"为"一轮幅图案"。

第三步同时选中大括号跟大括号上的文本框，给它们添加"擦除"动画，"效果选项"按钮选"自顶部"。

单击"动画"选项卡"高级动画"功能区中的"动画窗格"按钮，在动画窗格中，按住<Shift>键的同时，用鼠标单击第一项动画和最后一项动画，此时动画窗格中的所有动画都处于选中状态，在"动画"选项卡"计时"功能区，设置"开始"项为"上一动画之后"，持续时间为 00.70，延迟为 00.00。这样即设置好各动画的播放速度以及自动播放效果。

微课：首页、目录页动画设计

最后单击选中双大括号上面的文本占位符，修改它的计时开始为"与上一动画同时"。

单击"幻灯片母版"选项卡下的"关闭母版视图"按钮，回到演示文稿的普通视图状态。

（3）首页动画设计。

在普通视图下，单击首张幻灯片，第一步选中标题文字，设置"进入"动画为"空翻"；

第二步，选择"绿色茶叶 | 健康茶饮……"文本框，设置"进入"动画为"擦除"，"效果选项"按钮选"自左侧"。设置两个文本框动画的"开始"项都为"上一动画之后"。

（4）目录页动画设计。

选取目录页，第一步选择深绿色的直角梯形（流程图：手动输入），添加"擦除"动画，

"效果选项"按钮选"自底部"。

第二步设置"目录页"进入动画为"浮入"，效果选项为"下浮"。

第三步设置"PAGE OF CONTENT"文本框，进入动画为"空翻"。

第四步设置圆1的进入动画为"轮子"，效果选项为"一轮辐图案"。

第五步选择"品牌简介"文本框，添加进入动画为"擦除"，"效果选项"按钮选"自左侧"。

第六步依次对圆2、"品牌历程"文本框、圆3、"产品展示"文本框、圆4、"联系我们"文本框进行动画的添加，圆的动画同圆1，文本的动画同"品牌简介"。

单击"动画"选项卡"高级动画"功能区中的"动画窗格"按钮，在动画窗格中，按住<Shift>键的同时，用鼠标单击第一项动画和最后一项动画，此时动画窗格中的所有动画都处于选中状态，在"动画"选项卡"计时"功能区，设置"开始"项为"上一动画之后"，持续时间为00.70，延迟为00.00。这样即设置好各动画的播放速度以及自动播放效果。

5．添加幻灯片切换效果

微课：切换设置及
音乐保存打包

单击"视图"选项卡"母版视图"功能区的"幻灯片母版"按钮，进入幻灯片母版视图状态，单击选中"标题和内容幻灯片版式"母版，单击"切换"选项卡"切换到此幻灯片"功能区中的"溶解"选项，在"切换"选项卡"计时"功能区的换片方式中，同时勾选"单击鼠标时"。

单击选中"节标题版式"母版，单击"切换"选项卡"切换到此幻灯片"功能区中的"分割"选项，设置效果选项为"中央向左右展开"。设置换片方式为"单击鼠标时"。

单击"幻灯片母版"选项卡下的"关闭母版视图"按钮，返回到普通视图状态。

单击选中首页幻灯片，选择"切换"选项卡"切换到此幻灯片"功能区中的"随机线条"选项，设置效果选项为"垂直"。设置换片方式为"单击鼠标时"。

单击选中目录页幻灯片，选择"切换"选项卡"切换到此幻灯片"功能区中的"立方体"选项，设置效果选项为"自左侧"。设置换片方式为"单击鼠标时"。

6．添加背景音乐

定位到首页幻灯片，单击"插入"功能选项卡"媒体"工具组里的"音频"按钮，在打开的下拉菜单中选择"文件中的音频"命令，插入素材包中的"钢琴曲.mp3"音乐。选中第1张幻灯片中的喇叭图标，单击"音频工具—播放"选项卡，在"音频选项"功能区中设置"开始"为"跨幻灯片播放"，再同时勾选"放映时隐藏""循环播放，直到停止"和"播完返回开头"选项。

7．保存和打包演示文稿

单击"文件"菜单下的"保存"按钮，将该演示文稿保存为"绿缘茶品.pptx"。若要将该演示文稿打包成CD，其操作方法是：单击"文件"选项卡的"保存并发送"命令，在显示的级联菜单中选择"将演示文稿打包成CD"→"打包成CD"命令。此时在计算机上插入刻录光盘，单击"复制到CD"按钮，直接刻录成一张光盘文件。

课后练习

1．现提供"走进浙江.pptx"演示文稿素材，要求结合所学的知识，完成1～3题。

（1）设置第1张幻灯片"走进浙江"一开始播放就"自左侧擦除"的动画。

（2）进入幻灯片母版视图。

- 在主母版中插入背景图片，透明度为75%。
- 节标题版式中，将标题文字下的红色底改为"水绿色，强调文字5，淡色40%"。
- 节标题版式中，设置"水滴"形状内的图片动画为"轮子"，效果选项"一轮幅图案"，与前面的文本同时出现。
- 设置标题和内容版式中的竖排文字，字体为华文新魏，黑色，字号为44。
- 设置标题和内容版式中的图片一开始播放就"自左侧擦除"的动画。

2. 设置第一张幻灯片背景图透明度为15%。
3. 设置所有幻灯片切换效果为"垂直随机线条""单击鼠标时"。

小结

本单元通过任务12"企业简介"的学习与操作主要解决PowerPoint 2010演示文稿的内容输入、视觉效果的美化、设定放映方式等几个方面的问题，让学生能够使用PowerPoint的基本功能进行演示文稿的制作。通过任务13"绿缘茶品"的学习与操作主要要掌握PowerPoint 2010的母版制作、动画的设计、自定义放映设置、另存为模板、文件打包等功能操作。同时，培养学生组织演示文稿内容的能力，能策划出有创意的演示文稿，提高演讲的效果。

Chapter 6

第 6 章
计算机网络基础

计算机网络是计算机技术和通信技术密切结合而形成的新的技术领域，是当今计算机界公认的主流技术之一，本章主要介绍计算机网络方面的基础知识。

本章学习目标：

- 掌握计算机网络的基本概念
- 了解家庭局域网的组建过程
- 了解计算机安全防范措施

任务 17　组建家庭局域网

任务描述

小张一家搬进了新房子，为了方便学习和生活，想将家里的计算机和打印机等设备连网，尽可能使得网络覆盖到家里的每一个角落。他家里有 1 台台式机在书房，2 台笔记本电脑（都带有无线网卡）和 2 台网络电视机，1 台打印机，多台智能手机和 PAD，现打算组建家庭网络，希望构建满足全家人方便使用 Internet 的网络环境，并且要求家里所有的计算机能够共享文件和打印机。具体任务如下。

1. 项目方案的设计
 （1）确定组网方案。
 （2）确定入户点、中心点位置。
 （3）设备连接。
2. 连接网络
3. 配置 TCP/IP
4. 设置无线网络
5. 设置共享文件和打印机

相关知识

17.1　计算机网络的基本概念

17.1.1　计算机网络的定义

计算机网络是计算机技术与通信技术发展的产物，计算机网络是信息产业发展的基石。一般将计算机网络定义为"将地理位置不同的具有独立功能

微课：计算机网络定义、功能和分类

的多台计算机及其外部设备，通过通信线路连接起来，在网络操作系统、网络管理软件及网络通信协议的管理和协调下，实现资源共享和信息传递的计算机系统。"

17.1.2 计算机网络的功能与分类

计算机网络的功能可归纳为资源共享、便捷通信。在计算机网络中，主机的软硬件资源都是可以用于网络用户共享的资源，这里的资源主要指计算机硬件、软件、数据与信息资源。例如，巨型计算机、大型绘图仪、高速激光打印机和大容量存储器，大型软件和企业数据库等都是网络中可以共享的资源。

计算机网络的分类方法有多种，其中最常见的分类方法如下。

1．按网络所使用的传输介质分类

按网络所采用的传输介质不同，分为有线网络（Wired Network）和无线网络（Wireless Network）两大类。

有线网络是网络发展的基础，它价格便宜，安装方便，通常采用同轴电缆、双绞线和光纤来连接各个设备来形成网络。

无线网络主要采用空气作为传输介质，依靠电磁波和红外线、激光等作为载体来传输数据形成网络。无线网络的联网方式方便灵活，在家庭、校园、车站等场所应用广泛。

2．按网络覆盖范围进行分类

按覆盖的地理范围划分，计算机网络可以分为局域网（Local Area Network，LAN）、城域网（Metropolitan Area Network，MAN）和广域网（Wide Area Network，WAN）三类。

局域网：用于将有限范围内（如一个家庭、一幢大楼、一个校园）的各种计算机、终端与外部设备互连成网。局域网按照采用的技术、应用范围和协议标准的不同可以分为共享局域网与交换局域网。局域网技术发展非常迅速，并且应用日益广泛，是计算机网络中最为活跃的领域之一。

城域网：城市地区网络常简称为城域网。它是介于广域网与局域网之间的一种高速网络。城域网设计的目标是要满足几十千米范围内的大量企业、机关、公司的多个局域网互联的需求，以实现大量用户之间的数据、语音、图形与视频等多种信息的传输功能。

广域网：它所覆盖的地理范围从几十千米到几千千米。广域网覆盖一个国家、地区，或横跨几个洲，形成国际性的远程网络。最典型的就是国际互联网（Internet）。广域网的通信子网主要使用分组交换技术，通信子网可以利用公用分组交换网、卫星通信网和无线分组网。它将分布在不同地区的计算机系统互连起来，达到资源共享的目的。

随着网络技术的发展，局域网和城域网的界限越来越模糊，各种网络技术的统一，已成为发展的趋势。

17.1.3 计算机网络的拓扑结构

1．拓扑结构与计算机网络拓扑

针对复杂的计算机网络结构设计，人们引入了拓扑结构的概念。拓扑学是几何学的一个分支，它是从图论演变过来的，拓扑学首先把实体抽象成与其大小、形状无关的点，将连接实体的线路抽象成线，进而研究点、线、面之间的关系。计算机网络拓扑就是通过计算机网络中各个结点与通信线路之间的几何关系来表示网络结构，进而反映出网络中各实体之间的结构关系。

微课：拓扑

2．计算机网络拓扑的定义

通常将网络中的计算机主机、终端和其他通信控制与处理设备抽象为结点，将通信线路抽象为线路，而将结点和线路连接而成的几何图形称为网络的拓扑结构。网络拓扑结构可以反映出网络中各实体之间的结构关系。它对网络性能、系统的可靠性与通信费用、建设网络的投资等都有重大影响。

3．基本网络拓扑结构类型

常见的基本网络拓扑结构有总线型、星型、环型、树型与网状型拓扑等。

（1）总线型网络拓扑结构。

在总线型网络中，使用单根传输线路作为传输介质，网络中的所有结点都通过接口串接在总线上，如图 17-1 所示。网络中每一个结点发送的信号都在总线中传送，并被网络其他结点所"收听"，但在任一时刻只能有一个结点使用总线传送信息，网络中所有结点共享该总线的带宽和信道。

总线型结构具有结构简单、节点变更方便、易于扩展、某个端用户失效不影响其他端用户通信的优点。

总线型结构网络媒体访问获取机制较复杂；一次仅能一个端用户发送数据，其他端用户必须等待到获得发送权；当网络中的节点数较多时，因总线的带宽是固定的，网络的效率也随着网络结点数目的增加而急剧下降。

总线型结构网络设备少，造价低，布线要求简单，扩充容易，端用户失效、增删不影响全网工作，所以是早期网络技术中使用最普遍的一种。

（2）星型拓扑结构。

在星型拓扑结构中，结点通过点对点通信线路与中心结点连接，中心结点控制全网的通信，任何两结点之间的通信都要通过中心结点，如图 17-2 所示。因此，星型拓扑结构简单、易于实现、便于管理；但是网络的中心结点是全网可靠性的瓶颈，出现故障可能造成全网瘫痪。

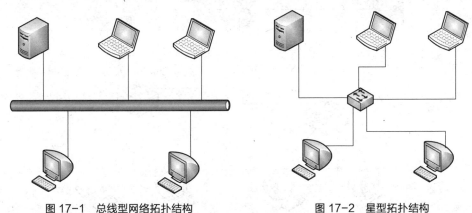

图 17-1　总线型网络拓扑结构　　　　图 17-2　星型拓扑结构

星型结构是最常用的一种连接方式，大家每天用的以太网交换机所在的网络就属于这种结构。目前一般局域网络环境都被设计成星型拓扑结构，是目前使用最广泛的网络拓扑。

（3）环型拓扑结构。

在环型拓扑结构中，结点通过点对点通信线路连接成闭合环路，数据将沿一个方向逐站传送，如图 17-3 所示。环型拓扑结构简单，传输延时确定，但是环中每个结点与连接结点之间的通信线路都会成为网络可靠性的瓶颈。环中任何一个结点出现线路故障，都可能造成网络瘫痪。为保证环路的正常工作，需要较复杂的维护处理。同时环结点的加入和撤出过程都比较复杂。

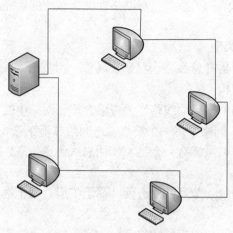

图 17-3　环型拓扑结构

（4）树型拓扑结构。

在树型拓扑结构型中，结点按层次进行连接，信息交换主要在上、下结点之间进行，相邻及同层结点之间一般不进行数据交换或数据交换量小，如图 17-4 所示。树型拓扑可以看成是星型拓扑的一种扩展，树型拓扑网络适用于汇集信息的应用要求。

树型结构是分级的集中控制式网络，与星型相比，它的通信线路总长度短，成本较低，节点易于扩充，寻找路径比较方便，但除了叶节点及其相连的线路外，任一节点或其相连的线路故障都会使系统受到影响。

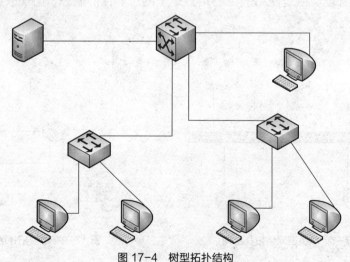

图 17-4　树型拓扑结构

（5）网状型拓扑结构。

网状型拓扑又称无规则型拓扑。在网状型拓扑结构型中，结点之间的连接是任意的，没有规律，如图 17-5 所示。网状型拓扑的主要优点是系统可靠性高，但是结构复杂，必须采用路由选择算法与流量控制方法。目前广泛使用的 Internet 就是典型的网状型拓扑结构。

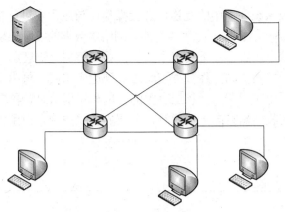

图 17-5　网状型拓扑结构

17.1.4　计算机网络的协议与体系结构

1．网络协议概述

（1）什么是网络协议？

网络中的数据终端之间进行通信时，往往由于数据终端所用字符集不同，而使得命令彼此不认识。为了能进行通信，规定每个终端都要将各自字符集中的字符先变换为标准字符集的字符后，才进入网络传送，到达目的终端之后，再变换为该终端字符集的字符。当然，对于不相容终端，除了需变换字符集字符外，其他特性，如显示格式、行长、行数、屏幕滚动方式等也

微课：协议和体系

需做相应的变换。由此为计算机网络中进行数据交换而建立的规则、标准或约定的集合就称为网络协议。

（2）构成网络协议的三要素。

● 协议的语义问题。

语义用于解释比特流的每一个部分的意义。它规定了需要发出何种控制信息，以及要完成的动作与做出的响应。例如对于报文，它由什么部分组成，哪些部分用于控制数据，哪些部分是真正的通信内容。这就是协议的语义问题。

● 协议的语法问题。

协议的语法定义了通信双方的用户数据与控制信息的结构和格式，以及数据出现的顺序的意义。

● 协议的时序问题。

时序是对事件实现顺序的详细说明，即何时进行通信，先做什么，后做什么，做的速度等。

2．网络体系结构

网络协议对计算机网络是不可缺少的，一个功能完备的计算机网络需要制定一整套复杂的协议集。对于结构复杂的网络协议来说，最好的组织方式是层次结构模型。为此，将网络层次性结构模型与各层协议的集合定义为计算机网络体系结构。

3．开放系统互连参考模型（OSI/RM）

1974 年，国际标准化组织（ISO）发布了著名的 ISO/IEC 7498 标准，也就是开放系统互连参考模型（OSI/RM）。它定义了网络互联的七层框架，即物理层、数据链路层、网络层、传输层、会话层、表示层和应用层，如图 17-6 所示。在 OSI 框架下，进一步详细规定了每一

层的功能，以实现开放系统环境中的互连性、互操作性与应用的可移植性。

在 OSI 网络体系结构中，除了物理层之外，网络中数据的实际传输方向是垂直的。数据由用户发送进程发送给应用层，向下经表示层、会话层等到达物理层，再经传输媒体传到接收端，由接收端物理层接收，向上经数据链路层等到达应用层，再由用户获取。数据在由发送进程交给应用层时，由应用层加上该层有关的控制和识别信息，再向下传送，这一过程一直重复到物理层。在接收端信息向上传递时，各层的有关控制和识别信息被逐层剥去，最后数据送到接收进程。

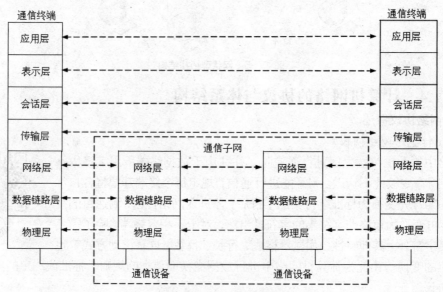

图 17-6 OSI/RM 模型

4. TCP/IP

ISO 的 OSI/RM 七层参考模型因其具有内容完整、结构明确的特点而在计算机网络研究领域中普遍使用。与此同时在计算机网络领域得到广泛应用的 TCP/IP 体系结构逐步成为广大计算机网络厂商共同遵循的事实工业标准。

TCP/IP 即传输控制协议/因特网互联协议，又称网络通信协议，是 Internet 最基本的协议，是 Internet 国际互联网络的基础，其由网络层的 IP 和传输层的 TCP 组成，如图 17-7 所示。TCP/IP 定义了终端设备如何连入因特网，以及数据如何在它们之间传输的标准。

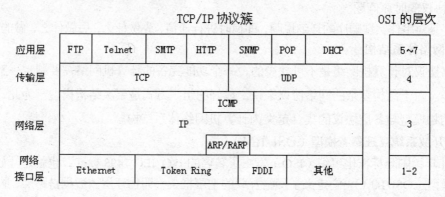

图 17-7 TCP/IP

TCP/IP 采用了 4 层的层次结构，即网络接口层、网络层、传输层和应用层。每一层都呼叫它的下一层所提供的协议来完成自己的需求。TCP 负责发现传输的问题，一有问题就发出信号，要求重新传输，直到所有数据安全正确地传输到目的地，而 IP 是给因特网的每一台联网设备规定一个地址。

17.2　局域网及其连接设备

17.2.1　局域网的定义

局域网（Local Area Network，LAN）是计算机网络的最常用一种形态，它既是一个完整的网络，也可以是更大型网络的一部分。局域网技术在计算机网络中是一个至关重要的技术领域，也是应用最为普遍的网络技术，是信息化建设的基础。

微课：局域网及其连接设备

局域网是在一个局部的地理范围内（如一个学校、公司或单位内，一般是方圆几千米以内），将各种计算机、外部设备和数据库等互相连接起来组成的计算机通信网。

局域网一般为一个部门或单位所有，建网、维护以及扩展等较容易，系统灵活性高。其主要特点是如下。

- 覆盖的地理范围较小，只在一个相对独立的局部范围内连接，如一座或集中的建筑群内。
- 使用专门铺设的传输介质进行联网，数据传输速率高（10Mb/s～10Gb/s）。
- 通信延迟时间短，可靠性较高。
- 可以支持多种传输介质。

17.2.2　局域网的组成与功能

局域网由终端（服务器、工作站、网络打印机）、网络设备（网卡、交换机、路由器等）、网络传输介质以及相应的网络协议软件所组成。

局域网最主要的功能是实现资源共享和相互通信，通常可以提供以下主要功能。

1．资源共享

（1）软件资源共享。为了避免软件的重复投资和重复劳动，用户可以共享网络上的系统软件和应用软件。

（2）硬件资源共享。在局域网上，为了减少或避免重复投资，通常将激光打印机、绘图仪、大型存储器、扫描仪等贵重的或较少使用的硬件设备共享给其他用户。

（3）数据资源共享。为了实现集中、处理、分析和共享分布在网络上的各计算机用户的数据，一般可以建立分布数据库，同时网络用户也可以共享网络内的大型数据库。

2．通信通讯

（1）数据、文件的传输。局域网所具有的最主要功能就是数据和文件的传输，它是实现办公自动化的主要途径，通常不仅可以传递普通的文本信息，还可以传递语音、图像等多媒体信息。

（2）电子邮件。局域网邮局可以提供局域网内和网外的电子邮件服务，它使得无纸办公成为可能。网络上的各个用户可以接收、转发和处理来自单位内部和世界各地的电子邮件，还可以使用网络邮局收发传真。

（3）视频会议。使用局域网络，可以召开在线视频会议。例如召开教学工作会议，所有的会议参加者都可以通过网络面对面地发表看法，讨论会议精神，从而节约人力、物力。

220

17.2.3　局域网连接设备

从硬件的角度来看，组成局域网的主要组件有 3 种：网线、网络设备、终端。网络设备设备的形态多样，下面只简单介绍局域网常用的网线、网卡、交换机和路由器。

1．网线

要连接局域网，网线是最常见的通信介质。在局域网中常见的网线主要有双绞线、同轴电缆、光缆 3 种。

双绞线是由许多对线组成的数据传输线，可分为非屏蔽双绞线（Unshilded Twisted Pair，UTP）和屏蔽双绞线（Shielded Twisted Pair，STP）。我们广泛应用的是 UTP，它的特点是价格便宜、布线方便。它是用来和 RJ45 水晶头相连的，如图 17-8 所示。

图 17-8　双绞线及 RJ45 水晶头

同轴电缆，是由一层层的绝缘线包裹着中心铜导体的电缆线，如图 17-9 所示。它的特点是抗干扰能力好，传输数据稳定，价格也便宜，同样被广泛使用，如数字电视网络等。同轴细电缆线一般市场售价几元一米，不算太贵。同轴电缆用来和 BNC 头相连，市场上卖的同轴电缆线一般都是已和 BNC 头连接好了的成品，大家可直接选用。

光缆，是目前最先进的网线了，虽然它的价格较贵，但目前在家用场合也开始普及。它是由许多根细如发丝的玻璃纤维外加绝缘套组成的，如图 17-10 所示。由于靠光波传送，因此它的特点就是抗电磁干扰性极好、保密性强、速度快、传输容量大等。

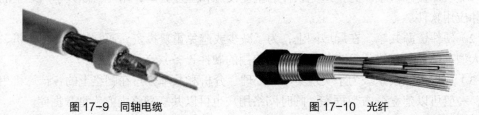

图 17-9　同轴电缆　　　　　　　　　图 17-10　光纤

2．网卡

网卡又称网络适配器 NIC，是计算机互连的重要设备。网卡是终端与网络之间的逻辑和物理链路，其作用是为终端与网络间提供数据传输的功能。在局域网系统中，每个终端上都有网卡。图 17-11 所示的是设备集成网卡的接口，图 17-12 所示的是独立可安装的 USB 接口型网卡。

图 17-11 设备集成网卡的接口（左边）

图 17-12 USB 接口网卡

3．调制解调器 Modem

调制解调器是 Modulator（调制器）与 Demodulator（解调器）的合称，是一个设备。

我们使用的网线、电话线或者光纤上传输的信号是各不相同的，当我们想通过电话线或光纤连入 Internet 时，就必须使用调制解调器来转换这些不同的信号。连入 Internet 后，当局域网络向 Internet 发送信息时，必须要用调制器将以太网信号转换成电话线或者光纤上传输的信号，才能将信息传送到 Internet 上，这个过程叫作"调制"。同样当局域网络从 Internet 获取信息时，通过电话线或者光纤从 Internet 传来的信息转换为以太网信号，这个过程叫作"解调"。这个双工通信转换过程就称为"调制解调"。

根据 Modem 的谐音，俗称之为"猫"，图 17-13 所示就是一个光纤调制解调器。

4．交换机

交换机（英文：Switch，意为"开关"），是一种用于电信号转发的网络设备。它可以为接入交换机的任意两个网络节点提供独享的电信号通路。最常见的交换机是以太网交换机，其他常见的还有电话语音交换机、光纤交换机等。

交换机的主要功能包括物理编址、网络拓扑结构、错误校验、帧校验序列以及流控。最新的交换机还具备了一些新的功能，如对 VLAN（虚拟局域网）的支持、对链路汇聚的支持，甚至有的还具有防火墙的功能。图 17-14 所示是常用交换机。

图 17-13 调制解调器

图 17-14 交换机

5．路由器

路由器（Router）又称网关设备（Gateway），是用于连接多个逻辑上分开的网络，所谓逻辑网络是代表一个单独的网络或者一个子网。当数据从一个子网传输到另一个子网时，可通过路由器的路由功能来完成。因此，路由器具有判断网络地址和选择 IP 路径的功能，它能在多网络互联环境中建立灵活的连接，可用完全不同的数据分组和介质访问方法连接各种子网，路由器只接受源站或其他路由器的信息，属网络层的一种互连设备。图 17-15 所示是各种不同形态的路由器。

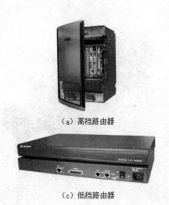

（a）高档路由器

（b）中档路由器

（c）低档路由器

（d）家用路由器

图 17-15   路由器

6．家用无线路由器

家用无线路由器是一个综合的设备，集路由器、交换机、无线 AP 的功能与一体，具备 1 个 WAN 接口、4 或 8 个 LAN 接口、无线 AP 接入点，内置拨号、DHCP 局域网 IP 地址自动分配、网络管理等功能。图 17-16 所示是常见的家用无线路由器。

图 17-16   家用无线路由器

17.3   Internet 基础知识

17.3.1   Internet 概述

Internet 始创于 1969 年的美国，又称因特网、国际互联网。人们经常把 Internet 称为是一个网络之上的网络，它连接全世界各大洲的地区性网络，而不论其网络规格的大小、主机数量的多少、地理位置的异同，采用何种网络技术。把网络互连起来，也就是把网络的资源组合起来，这也是 Internet 的重要意义。

17.3.2   IP 地址

微课：IP 地址、域名

1．什么是 IP 地址

IP 是英文 Internet Protocol 的缩写，意思是"网络之间互连的协议"，也就是为计算机网络相互连接进行通信而设计的协议。在因特网中，它是能使连接到网上的所有计算机网络实现相互通信的一套规则，规定了计算机在因特网上进行通信时应当遵守的规则。任何厂家生产的计算机系统，只要遵守 IP 协议就可以与因特网互连互通。正是因为有了 IP 协议，因特网才得以迅速发展成为世界上最大的、开放的计算机通信网络。因此，IP 协议也可以叫做"因特网协议"。

为了使计算机之间能够相互通信，必须给每台计算机配备一个全球唯一的网络地址，这个地址能够唯一地标识一台计算机，我们就称这个地址为 IP 地址。IP 地址由 32 位二进制组成，为了便于表达和识别，IP 地址是以点分十进数形式表示的，每 8 个二进制位为一组，用一个十进制数来表示，即 0～255。每组之间用"."隔开。例如，202.4.143.10 即是 Internet 中某台计算机的 IP 地址。

2．IP 地址的分类

在使用中，一般把 32 位的 IP 地址分成网络地址和主机地址两部分，根据网络地址的长度进行分类。所谓"分类"就是将 IP 地址划分成为若干个固定类。每一类地址都由两个固定长度的字段组成，其中一个字段是网络地址，另一个是主机地址。申请 IP 地址时，根据网络规模大小，即网络中主机的数量选择合适的类别。例如，一个网络有 200 台主机，则可申请一个 C 类 IP 地址，而若申请一个 B 类 IP 地址，则造成 IP 地址的大量浪费。

IP 地址主要分为三类，即 A 类、B 类、C 类。

（1）A 类地址。

A 类地址，前 8 位分配给网络地址，其中最高位为 0，其余 24 位分配给主机地址，那么网络地址的范围是 0～127，由于 0 和 127 有特殊用途，因此有效的地址是 1～126。每个 A 类地址可连接 16 777 214 台主机。

（2）B 类地址。

B 类地址，前 16 位分配给网络地址，其中最高 2 位为 10，其余 16 位分配给主机地址，网络地址的范围为 128～191。每个 B 类地址可连接 65 535 台主机，通常适用于中等规模的网络，如各地区和网络管理中心。

（3）C 类地址。

C 类地址，前 24 位为网络地址，其中最高 3 位为 110，其余 8 位为主机地址，该类网络地址范围为 192～223。每个 C 类地址可连接 254 台主机，因此适合建立主机数量小于等于 254 台的小型网络。

表 17-1 总结了 IP 地址类的基本特点。

表 17-1　IP 地址类基本特点

地址类	第 1 个 8 位的格式	相应的地址范围
A 类	0××××××××	1～126
B 类	10××××××	128～191
C 类	110×××××	192～223

17.3.3　域名系统 DNS

在 Internet 上，对于众多的以数字表示的一长串 IP 地址，人们记忆起来是很困难的，为此，Internet 引入了一种字符的主机命名机制，即域名系统，用于替代 IP 地址表示主机。

要把计算机接入 Internet，必须获得网上唯一的 IP 地址和对应的域名。Internet 上的域名管理系统规定，在 DNS 中，域名采用分层结构。为方便书写与记忆，每个主机域名序列的节点间用"."分隔，典型的结构如下：

计算机主机名.机构名.网络名.顶级域名

例如同济大学图书馆的一台主机的域名是：lib.tongji.edu.cn。其中 lib 表示这台主机的名称，tongji 表示同济大学，edu 表示教育系统，cn 表示中国，如图 17-17 所示。

为保证域名系统的通用性，Internet 规定了一些正式的通用标准，从最顶层至最下层，分别称之为顶级域名、二级域名、三级域名等。Internet 上常用的一些顶级域名如下。

cn：表示中国。

com：商业机构，如各种公司、企业等。

edu：教育部门，如公立和私立学校、学院和大学等。

gov：政府机构，如地方、州和联邦政府机构等。

int：保留供国际社会使用。

mil：军事机构，如美国国防部，美国海、陆、空军及其他军事机构等。

net：提供大规模 Internet 或电话服务的单位，如电信部门、邮政部门等。

org：非商业非营利单位，如教堂和慈善机构等。

$$Lib.tongji.edu.cn$$

图书馆主机

同济大学

教育机构

中国

图 17-17　域名组成

17.3.4　常见的 Internet 接入方式

Internet 的接入有许多不同的技术和方案，形成了众多的接入方式。近年来随着技术的发展，出现了多种新型上网方式，人们有了更多的选择。本任务主要介绍和一般用户有关的常见的接入方式。

1．电话线拨号接入（PSTN）

以往家庭用户接入互联网普遍采用窄带接入方式。即通过电话线，利用当地运营商提供的接入号码，拨号接入互联网，速率不超过 56kb/s。特点是使用方便，只需有效的电话线及自带调制解调器（Modem）的 PC 就可完成接入。运用在一些低速率的网络应用（如网页浏览查询、聊天、E-Mail 等），主要适合于临时性接入或无其他宽带接入场所的使用。缺点是速率低，无法实现一些高速率要求的网络服务，其次是费用较高（接入费用由电话通信费和网络使用费组成）。随着宽带的发展，这种网络速率难以满足要求而被淘汰。

微课：接入 Internet

2．ADSL 接入

由于电话网的数据传输速率低，利用电话网接入 Internet 已经不适应传输大量多媒体信息的要求。而 ADSL 是一种能够通过普通电话线提供宽带上网服务的技术，目前被广泛使用。图 17-18 所示为多用户使用 ADSL 共享上网。

ADSL 使用比较复杂的调制解调技术，在普通的电话线路上进行高速的数据传输。在数据的传输方向上，ADSL 分为上行和下行两个通道。下行通道的数据传输率远远大于上行通道的数据传输速率，这就是所谓的"非对称性"。ADSL 的这种非对称性正好符合人们下载信息量大而上传信息量小的特点。在 5km 范围内，ADSL 的上行速率可以达到 16kb/s～640kb/s，而下行速率可以达到 1.5Mb/s～9Mb/s。

3．Cable-MODEN（有线调制解调器）接入

Cable-MODEN（有线调制解调器）接入是一种基于有线电视网络铜线资源的接入方式，如图 17-19 所示。具有专线上网的连接特点，允许用户通过有线电视网实现高速接入互联网，适用于拥有有线电视网的家庭、个人或中小团体。特点是速率较高，接入方式方便（通过有线电缆传输数据，不需要布线），可实现各类视频服务、高速下载等。缺点在于基于有线电视网络的架构是属于网络资源分享型的，当用户激增时，速率就会下降且不稳定，扩展性不够。

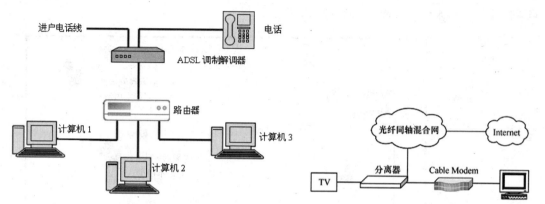

图 17-18　多用户使用 ADSL 共享上网　　　　图 17-19　Cable-MODEN（有线调制解调器）接入

4．局域网（LAN）接入

LAN 方式接入是利用城域网技术，采用光缆到小区+双绞线到户的方式进行综合布线，是目前新建小区家庭用户常见的一种宽带接入方式，如图 17-20 所示。

采用 LAN 接入可以充分利用局域网的资源优势，为用户提供 100Mb/s 以上的共享带宽，并可根据用户的需求升级到 1000Mb/s。

它技术成熟、成本低、结构简单、稳定性和可扩充性好，便于网络升级，同时可实现实时监控、智能化物业管理、小区/大楼/家庭保安、家庭自动化（如远程遥控家电、可视门铃等）、远程抄表等，可提供智能化、信息化的办公与家居环境，满足不同层次的智能小区对信息化的需求。

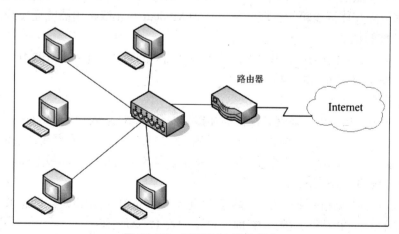

图 17-20　局域网（LAN）接入

微课：任务实施

任务实施

1. 项目方案的设计

（1）确定组网方案和网络设备。

小张家里需要共享上网的终端不多，同时又有有线、无线两种连接需求，所以最实惠的方案是利用无线路由器作为家庭局域网络的中心。

用无线路由器组建的家庭网络既有有线网络，用于数据流量大的智能电视、台式机使用，也可少了"线"的束缚，能够满足笔记本电脑、手机、PAD 等终端随时随处上网的需求，且将来网络扩展起来比较方便，如图 17-21 所示。

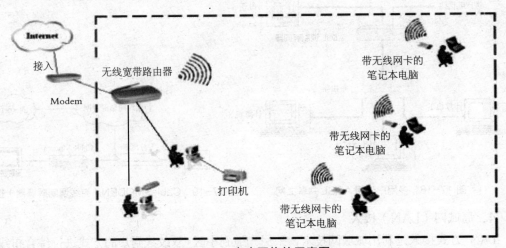

图 17-21　家庭网络的示意图

（2）确定入户点、中心点位置。

入户点一般设在家庭多媒体接线箱处，包括 LAN、ADSL、光纤等。此处放置 Modem（如 ADSL 猫，或光猫），无线路由器放置在入户点附近，作为网络中心点，一般可以保证信号覆盖全面了。

电缆调制解调器（Cable-Modem，CM）接入情况有点特殊，一般家用数字电视网络设备放在客厅，即入户点在客厅，而家庭有线网络的中心点还在家庭多媒体接线箱处，这时需要用到客厅到家庭多媒体接线箱的预埋网络线作为 Modem 到无线路由器的连接线。

（3）IP 地址的规划。

家庭网络 IP 规划比较简单，由于大部分无线路由器的默认地址都是 192.168.1.1/24，所以家庭局域网络使用 192.168.1.0/24 网段。

2. 连接网络

一切都准备妥当时，接下来就是设备的连接与安装了，把从入户点 Modem 接出来的网线连接到中心点的无线路由器的 WAN 口上（见图 17-22），各个房间的网线分别依次连接无线路由器 LAN 接口，各个房间的计算机用网线线连接到各自信息插座面板上即可。

3. 设置各终端的 IP 地址

（1）IP 设置可以采用两种方案——静态 IP 地址和动态 IP 地址设定。动态 IP 地址设定需要开启路由器的 DHCP 功能，静态 IP 地址设置如表 17-2 所示。

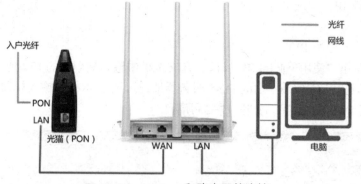

图 17-22　Modem 和路由器的连接

表 17-2　IP 设置方案

（方案一）固定的 IP 地址	
IP 地址	192.168.1.10
子网掩码	255.255.255.0
网关	192.168.1.1
DNS	61.153.177.196 （以温州电信的 DNS 服务器为例）

（2）配置 IP 地址。

线路连接之后，接下来就是配置计算机的 TCP/IP 属性，具体步骤如下。

步骤 1：打开 Internet 协议（TCP/IP）属性对话框，如图 17-23 所示。

在"控制面板"中选择"网络和共享中心"，单击"网络连接"，选择"本地连接"，右击"属性"，打开"本地连接属性"对话框，选择"Internet 协议版本 4（TCP/IP）"，单击"属性"按钮，即可打开。

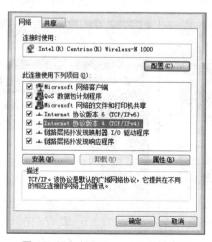

图 17-23　打开 Internet 属性窗口

步骤 2：在"Internet 协议版本 4（TCP/IP）选项"对话框设置 TCP/IP 属性。

方案一：动态获取 IP 地址。

通过在无线路由器上配置的 DHCP 服务功能获取 IP 地址。勾选单选按钮"自动获得 IP

地址"动态获取 IP，勾选单选按钮"自动获得 DNS 服务器地址"动态获取 DNS 地址，如图 17-24 所示。

方案二：静态分配 IP 地址。

勾选单选按钮"使用下面的 IP 地址"，在文本框中输入规划好的 IP 地址、子网掩码、默认网关；勾选单选按钮"使用下面的 DNS 服务器地址"，在文本框中输入规划好的"首选 DNS 服务器""备用 DNS 服务器"，如图 17-25 所示。

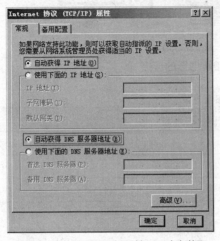
图 17-24　设置 TCP 属性——动态获取

图 17-25　设置 TCP 属性——静态获取

4．设置无线网络

（1）基本设置。

步骤 1：打开路由器配置 WEB 界面。

开启 PC 机上的 IE 浏览器，在地址栏上输入"http://192.168.1.1"，回车后即可进入登录界面，如图 17-26 所示；输入用户名和密码（默认是 Admin），即可进入无线路由管理 WEB 页面，如图 17-27 所示。单击"下一步"即可按向导进行设置。

图 17-26　无线路由器登录界面

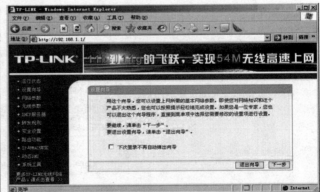
图 17-27　无线路由器设置向导

步骤 2：根据向导设置路由器。

选择上网方式为"PPPOE 协议"（注意不要选动态和静态），如图 17-28 所示。然后输入你的上网账号和口令（申请入网时服务商提供），如图 17-29 所示。

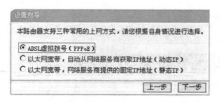
图 17-28 选择 PPPoE 方式

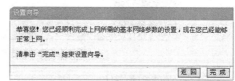
图 17-29 设置账号和密码

开启无线路由器的"无线"功能，设置无线网络的名称 SSID，其他选项可以用默认值，如图 17-30 所示。这样就完成了基本设置，如图 17-31 所示。

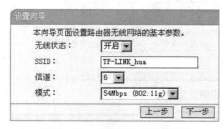
图 17-30 设置路由器基本参数

图 17-31 设置完成

（2）路由器 DHCP 服务设置。

DHCP 服务在默认状态下是启用的，我们可以就用默认状态，不用更改什么。在管理主界面下选择"DHCP 服务器"，进入 DHCP 服务设置窗口，如图 17-32 所示，可以设置各参数。

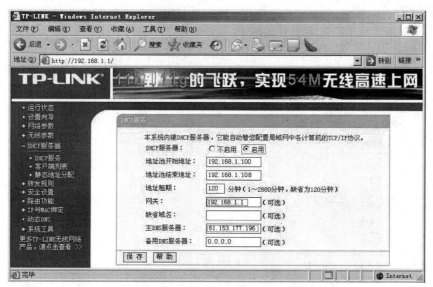
图 17-32 设置路由器 DHCP 服务功能

（3）路由器安全设置。

无线网络的安全设置基本有 3 个选项，一个是开启密钥的安全认证，一个是禁止 SSID 广播，另一个是开启无线网卡 MAC 地址过滤功能。

开启密钥的安全认证，防止他人蹭网，每台加入这个无线网络的计算机上输入密钥就可以加入了。在管理主界面选择"无线参数"，再选"基本设置"，如图 17-33 所示设置各参数。

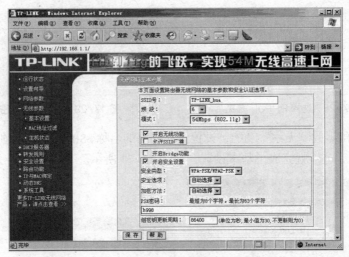

图 17-33　设置路由器安全密钥

5．设置共享文件和打印机

随着家庭网络的普及，文件和打印机共享成为家庭网络用户频繁应用的一项网络应用，使家庭网络中各台计算机之间交换文件和打印变得更加方便、快捷。

（1）文件共享设置。

以桌面上的"gongxian"文件夹为例进行设置。首先选中需要共享的文件夹，即"gongxian"，单击右键，在菜单中选择"属性"，选择"共享"选项卡，如图 17-34 所示。

选择"高级共享"，在弹出的对话框中，勾选"共享此文件夹"选项，共享名可以默认或修改。单击"权限"按钮，可以设置共享的权限，如图 17-35 所示。

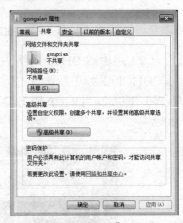

图 17-34　"共享"选项卡

图 17-35　共享权限设置

（2）打印机的安装与共享。

家中的每个成员都有可能使用打印机，但不可能每人都有一台打印机，所以打印资料难免要用到打印共享，在 Windows 7 操作系统中可以安装打印机，并且可实现打印共享。

步骤 1：连接好打印机的信号线和电源线，安装打印机驱动。当驱动程序安装完毕后，打印测试页，如果打印机正常打印，说明打印机驱动安装成功。

步骤2：配置打印机共享功能。

单击"开始"菜单，打开"控制面板"，在"硬件和声音"中单击"查看设备和打印机"，如图17-36所示。

图17-36　控制面板

进入"设备和打印机"页面后可以看到当前计算机已经安装的设备，如图17-37所示。

图17-37　设备和打印机

选择需要共享的打印机图标，单击右键，从弹出的菜单中选择"打印机属性"。在属性对话框中选择"共享"选项卡，勾选"共享这台打印机"，并填写打印机的名称等信息，如图17-38所示。

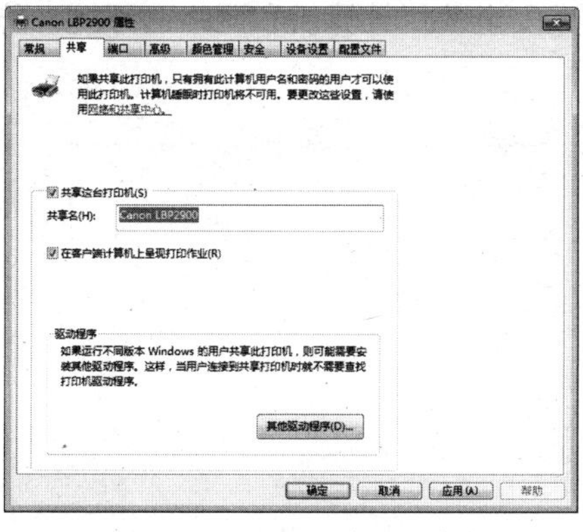

图17-38　设置打印机共享名

课后练习

单项选择题

1. 对于 Internet，比较确切的一种说法是_____。
   A. 一种计算机的品牌
   B. 网络中的网络，即互连各个网络
   C. 一个网络的顶级域名
   D. 美国军方的非机密军事情报网络

2. Internet 起源于_____。
   A. 美国　　　　　B. 英国　　　　　C. 德国　　　　　D. 澳大利亚

3. 为了在联网的计算机之间进行数据通信，需要制订有关同步方式、数据格式、编码以及内容的约定，这些被称为_____。
   A. 网络通信协议　　　　　　　　B. 网络操作系统
   C. 网络通信软件　　　　　　　　D. OSI 参考模型

4. Internet 为连网的每个网络和每台主机都分配了唯一的地址，该地址由纯数字组成并用小数点分隔，将它称为_____。
   A. 服务器地址　　B. 客户机地址　　C. IP 地址　　D. 域名

5. OSI/RM 是开放系统互连参考模型，它分为物理层、数据链路层、网络层、传输层、_____、表示层、应用层等 7 个层次。
   A. 拓扑层　　　　B. 会话层　　　　C. 语义层　　　　D. 介质层

任务 18　计算机的安全防范

任务描述

小张一家人越来越多的时间用在了个人计算机上，如进行工作、娱乐、网络购物（如淘宝、京东）、聊天交友（如 QQ、微信等），信息化带来方便生活的同时也带来一个重要的问题，那就是"安全"。

众所周知，安全性向来都是各个活动的必须基础保障，例如人身安全、财产安全、个人信息安全、信息通信安全等。在网上购物、网上银行转账时都需要填写个人真实信息，账户密码等等，如果不经意间泄露出去，会造成诸多不便甚至带来巨大的损失。

小张希望构建能保护家人安全使用计算机和网络的环境，防范可能来自网络的攻击。具体任务如下。

1. 项目方案的设计
（1）选定杀毒软件。
（2）设置 IE 浏览器安全级别。
（3）完善系统补丁。
2. 安装防病毒软件
3. 开启和配置防火墙软件

18.1　计算机安全概述

计算机安全是为保护计算机硬件，软件，使数据不因偶然的或恶意的原因而遭到破坏、更改、显露等而采取的技术或管理手段。

计算机安全中最重要的是存储数据的安全，其面临的主要威胁包括：计算机病毒、非法攻击与访问、电磁辐射、硬件损坏等。

18.2　计算机病毒

18.2.1　计算机病毒概述

计算机病毒由来已久，其影响也甚广。尤其当前网络的极速发展，更加速了计算机病毒的传播和蔓延，因此也使越来越多计算机使用者受到计算机病毒的威胁，轻者使机器速度减慢、死机，以及出现蓝屏、花屏等现象，重者破坏系统文件，甚至破坏系统硬件等，以至重要的数据被毁或泄露。

微课：计算机病毒

计算机病毒（Computer Virus）是一种能够自身进行复制、具有传染其他程序并起着破坏作用的一组计算机指令或程序代码。

首先计算机病毒是一种程序，或者说是一组计算机指令集合；其次它能进行自身复制、传染；再次它能起到破坏作用。当然，也不排除一些良性病毒不对计算机系统进行直接的破坏，但是它们需要占用系统资源，有时也会给用户带来不必要的麻烦，比如播放奇异的声音、画面等。

和生物病毒一样，计算机病毒也具有相同的特性，如传染性、流行性、繁殖性和依附性，同时具有较强的隐蔽性、欺骗性、潜伏性和破坏性等，甚至有些病毒具有触发性。

但是计算机病毒和生物病毒不同的是，计算机病毒带有人为性，即计算机病毒是由使用计算机的人编写的。

计算机病毒的危害是非常大的，有时会破坏磁盘的文件分配表、引导扇区，以及文件和数据，使计算机系统产生致命性的崩溃，使之不能正常工作；假如是网络病毒，可能使得整个网络陷入瘫痪状态等。

18.2.2　计算机病毒检测及防范

1．计算机病毒的检测

计算机病毒的检测通常可以通过人工的方法和杀毒软件的方法来检测，但不管通过人工还是杀毒软件的方法来检测，都应了解到计算机感染病毒后通常会表现出的一些异常现象，比如系统启动异常，运行速度无故变慢，系统提示内存不足，系统资源急剧下降，文件无故被修改或删除，软件或程序工作异常等。

2．计算机病毒的防范

计算机病毒具有很强的传播性和感染性，因此首先就必须预防计算机病毒的传播途径，目前计算机病毒主要的传播途径有计算机网络、U 盘、移动硬盘等存储介质，因此在计算机病毒的传播中，要重点注意媒介之间的交换，不要随意打开来历不明的文件，应对外来的存储介质进行检查，加强病毒防范意识，多了解一些计算机病毒的知识和动态。

3．定期备份

数据备份的重要性毋庸讳言，无论你的防范措施做得多么严密，也无法完全防止意外的情况出现。如果遭到致命的攻击，操作系统和应用软件可以重装，而重要的数据就没有了，只能靠你日常的备份了。所以，无论你采取了多么严密的防范措施，也不要忘了随时备份你的重要数据，做到有备无患！

18.3　防范黑客攻击

18.3.1　黑客

黑客是一个音译词语，源自英文 hacker，直译是攻击者，是指利用公共通信网络（如互联网），在未经许可的情况下，调试和分析、进入对方系统，非法访问他人计算机资源的人员。

18.3.2　黑客攻击网络的一般过程

微课：黑客攻击

1．信息的收集

信息的收集并不对目标产生危害，只是为进一步的入侵提供有用信息。黑客可能会利用下列的公开协议或工具，收集驻留在网络系统中的各个主机系统的相关信息。

（1）TraceRoute 程序，能够用该程序获得到达目标主机所要经过的网络数和路由器数。

（2）SNMP 协议，用来查阅网络系统路由器的路由表，从而了解目标主机所在网络的拓扑结构及其内部细节。

（3）DNS 服务器，该服务器提供了系统中可以访问的主机 IP 地址表和它们所对应的主机名。

（4）Whois 协议，该协议的服务信息能提供所有有关的 DNS 域和相关的管理参数。

（5）Ping 实用程序，可以用来确定一个指定的主机的位置或网线是否连通。

2．系统安全弱点的探测

在收集到一些准备要攻击目标的信息后，黑客们会探测目标网络上的每台主机，来寻求系统内部的安全漏洞，主要探测的方式如下。

（1）自编程序。对某些系统，互联网上已发布了其安全漏洞所在，但用户由于不懂或一时疏忽未打上网上发布的该系统的"补丁"程序，那么黑客就可以自己编写一段程序进入到该系统进行破坏。

（2）慢速扫描。由于一般扫描侦测器的实现是通过监视某个时间段里一台特定主机发起的连接的数目来决定是否在被扫描，这样黑客可以通过使用扫描速度慢一些的扫描软件进行扫描，如图 18-1 所示。

（3）体系结构探测。黑客利用一些特殊的数据包传送给目标主机，使其作出相对应的响应。由于每种操作系统的响应时间和方式都是不一样的，黑客利用这种特征把得到的结果与准备好的数据库中的资料相对照，从中便可轻而易举地判断出目标主机操作系统所用的版本及其他相关信息。

（4）利用公开的工具软件。像审计网络用的安全分析工具 SATAN、Internet 的电子安全扫描程序 IIS 等一些工具对整个网络或子网进行扫描，寻找安全方面的漏洞。

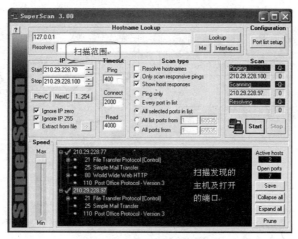

图 18-1　网络扫描软件截图

3．建立模拟环境，进行模拟攻击

根据前面两小点所得的信息，建立一个类似攻击对象的模拟环境，然后对此模拟目标进行一系列的攻击。在此期间，通过检查被攻击方的日志，观察检测工具对攻击的反应，可以进一步了解在攻击过程中留下的"痕迹"及被攻击方的状态，以此来制定一个较为周密的攻击策略。

4．具体实施网络攻击

入侵者根据前几步所获得的信息，同时结合自身的水平及经验总结出相应的攻击方法，在进行模拟攻击的实践后，将等待时机，以备实施真正的网络攻击。

18.3.3　防范攻击手段

1．安装系统补丁

操作系统发布后，在使用过程中会发现有些程序中有漏洞，能被黑客利用而攻击用户，所以软件公司会发布一些应用程序来修复这些漏洞，这种程序称为"补丁程序"，安装这些补丁程序后，黑客就不能利用这些漏洞来攻击了。

2．安装个人防火墙

安装防火墙（Fire Wall）以抵御黑客的袭击，最大限度地阻止网络中的黑客来访问你的计算机，防止窃取你的重要信息。防火墙在安装后还要根据需求进行详细配置。

3．仅在必要时开启共享

一般情况下不要设置文件夹共享，如果需要共享文件则应该设置密码，一旦不需要共享时立即关闭共享。共享时访问类型一般应该设为只读，也不要将整个分区设定为共享。

任务实施

1．提高 IE 浏览器安全级别，开启保护模式可以有效避免一些潜在网络攻击可能

（1）打开 IE 浏览器之后，单击右上角的"设置"选项，在弹出的下拉菜单之中选择"Internet 选项"。

（2）在界面之中单击"安全"选项，在出现的对话框中可以看到"Internet"和"本地 Internet"

微课：任务实施

两个选项，如图 18-2 所示。

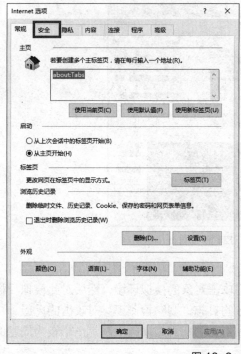 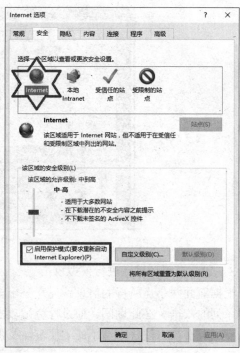

图 18-2　Internet 选项

（3）单击 Internet，勾选"启动保护模式"，单击"自定义级别"，在弹出的对话框中单击"重置自定义设置"后的"重置为"对话框，选择安全级别。选择之后，记住一定要单击"重置"，然后再单击"确定"。

2．开启系统自动更新，更新系统补丁

（1）打开"开始"菜单→"控制面板"→"系统与安全"，打开"系统与安全"界面，如图 18-3 所示。

图 18-3　"系统与安全"界面

（2）单击 Windows Update 下面的"启用或禁用自动更新"，选择"自动安装更新（推荐）"，如图 18-4 所示。

图 18-4 设置系统自动安装更新

（3）单击 Windows Update 下面的"检查更新"，等待更新结果，如图 18-5 所示。

图 18-5 检查系统补丁

（4）连网更新检测结果如图 18-6 所示，单击"安装更新"，系统推荐的更新必装，可选更新根据实际情况选择安装。安装过程会花一些时间，同时计算机有卡慢的现象，等系统补丁安装完成后，计算机会重启一下，此时安装过程才正式完成。

图 18-6 安装系统更新

3. 杀毒软件的选择与安装

首先我们要选择和获取杀毒软件，通常操作系统的软件厂家会给大家一张推荐使用的杀毒软件的列表。以 Windows 7 为例，Microsoft 公司推荐了图 18-7 中所示的杀毒软件给大家。

图 18-7 Windows 7 系统推荐杀毒软件列表

例如，ESET（ESET, spol. s r.o.）是总部位于斯洛伐克布拉迪斯拉发的一家计算机安全软件公司，其杀毒软件产品 NOD 32 Antivirus 应用广泛。

若想获取 ESET NOD 32 Antivirus 软件，可以通过网络下载该软件、购买版权，网址为：www.eset.com.cn。下载后的安装包如图 18-8 所示。

图 18-8 下载的杀毒软件

杀毒软件的安装比较简单，一路默认"下一步"即可，安装后得到的软件主界面如图 18-9 所示。

图 18-9 NOD 32 Antivirus 主界面

4．开启系统防火墙

在 Windows 7 系统中依次单击"开始"菜单→"控制面板"→"系统安全"→"Windows 防火墙"，打开 Windows 防火墙界面，如图 18-10 所示。

图 18-10　Windows 防火墙

单击左侧的"打开或关闭 Windows 防火墙"，进入设置界面，如图 18-11 所示。

图 18-11　开启防火墙

返回 Windows 防火墙界面，参考图 18-10，单击左侧的"允许程序或功能通过 Windows 防火墙"，弹出图 18-12 所示界面，根据需求进行设置即可。

图 18-12　防火墙允许通信选单

课后练习

单项选择题

1. 确切地说，计算机病毒是一个_____。

   A. 细菌   B. 程序   C. 文件   D. 图片

2. 当前传播速度最快的计算机病毒是通过_____攻击其他计算机的。

   A. 网络   B. 人体   C. 光盘   D. 硬盘

3. 当前较恶劣的计算机病毒_____。

   A. 只对人体有害

   B. 只抢占系统资源

   C. 只破坏系统数据

   D. 只窃取个人隐私和企事业核心机密信息

微课：课后练习

小结

　　本章介绍了计算机网络相关的基础知识、局域网络的构成和设置、Internet 的基本原理和应用、计算机病毒的防治、网络攻击一般流程和防范手段。通过本章的学习，读者应将所学的知识灵活地应用到日常生活中，很好地结合理论知识与实践能力，组建自己的安全家庭网络。